三维游戏美术模型与贴图案例制作

3d Game Art Model and Mapping Case Making

21 世纪全国普通高等院校美术·艺术设计专业"十三五"精品课程规划教材

The"13th Five-Year Plan"Excellent Curriculum Textbooks for the Major of

Fine Arts and Art Design
in National Colleges and Universities in the 21st Century

主 编 丁 李

副主编 徐建喜 周 琴

辽宁美术出版社

Liaoning Fine Arts Publishing House

21世纪全国普通高等院校美术·艺术设计专业
"十三五"精品课程规划教材

总 主 编　彭伟哲
副总主编　时祥选　孙郡阳
总 编 审　苍晓东　童迎强

编辑工作委员会主任　彭伟哲
编辑工作委员会副主任　童迎强　林　枫　王　楠
编辑工作委员会委员
苍晓东　郝　刚　王艺潼　于敏悦　宋　健　潘　阔
郭　丹　顾　博　罗　楠　严　赫　范宁轩　王　东
高　焱　王子怡　陈　燕　刘振宝　史书楠　展吉喆
高桂林　周凤岐　任泰元　汤一敏　邵　楠　曹　焱
温晓天

印制总监
徐　杰　霍　磊

责任编辑　谭惠文
责任校对　郝　刚

图书在版编目（CIP）数据

三维游戏美术模型与贴图案例制作 / 丁李主编. —
沈阳：辽宁美术出版社，2020.7（2021.9重印）
21世纪全国普通高等院校美术·艺术设计专业"十三
五"精品课程规划教材
ISBN 978-7-5314-8518-6

Ⅰ. ①三… Ⅱ. ①丁… Ⅲ. ①三维动画软件－游戏程
序－程序设计－高等学校－教材 Ⅳ. ①TP391.414

中国版本图书馆CIP数据核字（2019）第228641号

出版发行　辽宁美术出版社
经　　销　全国新华书店
地　　址　沈阳市和平区民族北街29号　邮编：110001
邮　　箱　lnmscbs@163.com
网　　址　http://www.lnmscbs.cn
电　　话　024-23404603

封面设计　彭伟哲　杨贺帆　孙雨薇
版式设计　彭伟哲　薛冰焰　吴　烨　高　桐

印　　刷
沈阳博雅润来印刷有限公司

版　　次　2020年7月第1版　2021年9月第2次印刷
开　　本　889mm×1194mm　1/16
印　　张　8
字　　数　150千字
书　　号　ISBN 978-7-5314-8518-6
定　　价　49.00元

图书如有印装质量问题请与出版部联系调换
出版部电话　024-23835227

序 >>

当我们把美术院校所进行的美术教育当作当代文化景观的一部分时，就不难发现，美术教育如果也能呈现或继续保持良性发展的话，则非要"约束"和"开放"并行不可。所谓约束，指的是从经典出发再造经典，而不是一味地兼收并蓄；开放，则意味着学习研究所必须具备的眼界和姿态。这看似矛盾的两面，其实一起推动着我们的美术教育向着良性和深入演化发展。这里，我们所说的美术教育其实有两个方面的含义：其一，技能的承袭和创造，这可以说是我国现有的教育体制和教学内容的主要部分；其二，则是建立在美学意义上对所谓艺术人生的把握和度量，在学习艺术的规律性技能的同时获得思维的解放，在思维解放的同时求得空前的创造力。由于众所周知的原因，我们的教育往往以前者为主，这并没有错，只是我们更需要做的一方面是将技能性课程进行系统化、当代化的转换；另一方面，需要将艺术思维、设计理念等这些由"虚"而"实"体现艺术教育的精髓的东西，融入我们的日常教学和艺术体验之中。

在本套丛书出版以前，出于对美术教育和学生负责的考虑，我们做了一些调查，从中发现，那些内容简单、资料匮乏的图书与少量新颖但专业却难成系统的图书共同占据了学生的阅读视野。而且有意思的是，同一个教师在同一个专业所上的同一门课中，所选用的教材也是五花八门、良莠不齐，由于教师的教学意图难以通过书面教材得以彻底贯彻，因而直接影响到教学质量。

学生的审美和艺术观还没有成熟，再加上缺少统一的专业教材引导，上述情况就很难避免。正是在这个背景下，我们在坚持遵循中国传统基础教育与内涵和训练好扎实绘画（当然也包括设计、摄影）基本功的同时，向国外先进国家学习借鉴科学并且灵活的教学方法、教学理念以及对专业学科深入而精微的研究态度，辽宁美术出版社会同全国各院校组织专家学者和富有教学经验的精英教师联合编撰出版了《21世纪全国普通高等院校美术·艺术设计专业"十三五"精品课程规划教材》。教材是无度当中的"度"，也是各位专家多年艺术实践和教学经验所凝聚而成的"闪光点"，从这个"点"出发，相信受益者可以到达他们想要抵达的地方。规范性、专业性、前瞻性的教材能起到指路的作用，能使使用者不浪费精力，直取所需要的艺术核心。从这个意义上说，这套教材在国内还是具有填补空白的意义。

21世纪全国普通高等院校美术·艺术设计专业"十三五"精品课程规划教材编委会

前言 >>

游戏产业发展至今已成为文化产业中最具商业价值的产业，社会影响力也持续上升。目前随着整个游戏市场收入不断增加，游戏行业的竞争已经从游戏产品的竞争转向人才的竞争，游戏企业对人才的需求量也迅速增加。目前市面上介绍各类软件的图书不少，但多是针对其中某个内容，并不全面。正是基于这种情况，作者编写了本书。

本书主要特点如下：

1. 内容丰富

本书从软件基础到完整的案例，从手绘游戏到次世代游戏，从3ds Max建模到ZBrush建模统统都有涉猎，内容非常丰富。

2. 案例实用性高

本书的讲解由浅入深，循序渐进，选用的案例也是模型制作中常见的案例，学习起来实用性更高，学会后可以举一反三，制作更多自己喜欢的作品。

3. 配图精彩

为了让读者的学习不会枯燥无味，本书在每个知识点下面都会配有相应的图片解释，一是为了方便读者学习、理解；二是增加读者的阅读兴趣。

由于编者水平有限，书中不妥或错误之处在所难免，殷切希望广大读者批评指正。

编 者

目录 Contents

序

前言

第一章 游戏概述

第一章　游戏概述

第一节　游戏产业发展

截至2016年上半年，中国游戏市场实际销售收入达到787亿元人民币，同比增长30.1%。其中，移动游戏依然保持了高速增长，达到375亿元人民币，同比增长79.1%。

2016年1月至6月，中国游戏用户近5亿人，中国客户端游戏用户数量达到1.38亿人，中国网页游戏用户数量近3亿人，中国移动游戏用户数量约4亿人。

而根据海外市场调查数据显示，全球游戏市场的营收规模在2017年达到1029亿美元，超过全球电影市场营收规模。中国的游戏市场营收规模达到了220多亿美元，近1500亿元人民币，超过了美国，成为全球第一。

中国游戏产业经过短短十几年的发展，目前已经形成一条自产自销、对外出口的完整贸易链条。其经济规模不亚于任何一项互联网及创意领域，并仍然以极高的速度不断扩大市场规模及整体销售额。

除了传统的客户端游戏、网页游戏，以及近几年带动行业整体发展的移动游戏之外，虚拟现实游戏、电子竞技产业也在不断升温，成为新的创业行业增长点。

第二节　游戏设计分工

对于游戏开发稍有了解的人都知道，在开发过程中，只有不同专业人士分工合作，才能完成一款游戏。游戏开发中常见的专业如下。

1.策划

负责设计规划游戏内的所有内容，包括游戏的玩法，游戏软件操作的整个过程，游戏里面应该出现哪些道具、宝物等。如果把游戏比喻成一个人，策划就是这个人的大脑，这个人的灵魂。

2.美术

负责游戏画面与视觉有关的素材制作，完成后交由程序人员整合进游戏软件中。如果把游戏比喻成一个人，那么美术就像是这个人的外貌。

3.程序

负责实现策划设计的游戏规则与过程，撰写整个游戏软件。如果把游戏比喻成一个人，程序就是这个人的生理系统，根据大脑（策划）的命令控制整个身体的实际运作。

4.音效

负责制作与处理游戏中需要的各种声音效果，包括背景音乐、各种声音甚至是角色的语音等。如果把游戏比喻成一个人，音效就是这个人的讲话声与所有发出的声音。

5.测试

游戏测试人员比一般软件测试人员的工作更复杂。因为他们不仅要确保游戏软件执行时不会出错，还需要测试游戏内容是否有问题。

图1-1

第三节　游戏的未来

据说当年Web刚出现的时候，英国一位报纸编辑认为网络一定不会成功。他的理由是：你无法像报纸那样方便，可以在公交车及地铁上阅读（这位编辑一定无法想象，现在随时随地都方便携带上网的Pad和手机）。游戏产业的快速变化发展，也令很多专家大跌眼镜，尽管如此，游戏产业仍有几个十分明显的趋势。

游戏将成为新的媒体艺术形式。我们的爷爷辈儿大约还记得那个连收音机都没有的年代；我们的父母那一代人，依稀还记得没有电视机的年代；而我们这一代，多少还可以回想没有电脑网络的年代。由此可见这些新媒体的发展与变化的迅速。游戏也是一个开始快速成长的媒体，不再被当作一个包装盒中的娱乐产品。然而传统文学或戏剧呢？它们从古希腊哲人亚里士多德的年代就已经存在了，相比之下，游戏还是一个很年轻的媒体，还在摸索自己的道路。也正是因为这样，许多人会向与游戏相关的行业借鉴，寻求其他媒体一些已经成功的发展经验。

更多元的游戏开发者、美国著名的制作人乔治·卢卡斯就有他自己的游戏部门，小说家汤姆·克兰西不仅编写游戏故事，还成立了自己的制作公司。越来越多的人看准了游戏对用户的吸引力，纷纷从其他领域进入游戏产业。电影是其中最常见的一个，许多国外的游戏设计师们，对于好莱坞的创作方法与制作管理方法趋之若鹜。音乐界也慢慢发现了游戏对音乐销售的影响，如九寸钉乐队的音乐制作人替《雷神之锤》游戏创作的音乐。

游戏的主流群体变得更广。游戏的主流群体由过去的年轻男生，逐渐扩展到其他群体如成年人，包括女性，甚至是小孩和老人。《模拟人生》是一款角色扮演网页游戏，据说有超过一半的用户是女性。微软的XBox Live休闲游戏的群体中也有很大的比重是年轻女性。

画质越来越逼真，玩法越来越有趣。现在的主流市场游戏不仅越做越逼真，许多游戏除了画面以外，也试图在游戏内容中尽量贴近现实。当然也有许多人对这种发展

图1-2　VR体验馆

表示担忧，因为越逼真的游戏，越需要高的制作成本。

次世代游戏发展带动电视游戏机之外的其他游戏平台的快速崛起，如独立游戏开发。Unreal等游戏引擎技术的提升，3A级的游戏大作并不会因为各种新游戏平台的诞生而消失，相反，他们将会顺势推出各种适合多平台的版本。

新锐的游戏外设产品开始出现。过去几年，游戏硬件制造商一直在追求终极的游戏外设，希望混合各种新奇的功能以创造出新的体验。就微软而言，开发出了很有吸引力的体感设备Kinect，任天堂则开发出Wii U游戏平板遥控器。而在2020年，消费者不仅会看到这些技术更充分的展示，而且还会看到来自第三方开发商的各种激动人心的新产品。例如Ocrulus VR公司一直所努力的，将虚拟现实（VR）技术引入主流游戏市场。Ocrulus VR不是唯一的一家从事游戏外设的公司。微软最新版的Kinect与XBox One一同发售，推动体感技术普及浪潮的到来。2020年主流的游戏机生产商都在寻找第二屏技术，如XBox Smartglass、PS Vita、HTC Vive以及上面提到的Wii U游戏平板遥控器等。游戏机生产商最终能最大化利用近年来外设发展上的各类技术创造出卓越的产品。技术已准备好，该是表演的时刻了！

第二章　3ds Max基础

第二章 3ds Max基础

3ds Max是美国Autodesk公司开发的一款创作型三维软件。这个软件跟Photoshop处理图片是不一样的。许多年轻的朋友不是喜欢做些图片效果吗？将头发搞得花花绿绿的，或者是把自己的照片和明星合在一起，这些就不能叫创作，这个只是在现有的图片上进行再加工，那些照片并不是你自己画出来的，所以就不能叫创作。在三维创作领域里面，3ds Max是目前世界上应用最广、使用人数最多的三维建模、动画与渲染软件，广泛应用于建筑设计、广告设计、影视动画设计、工业设计、多媒体制作、游戏设计以及CG制作等领域，而在国内发展得比较成熟的建筑效果图和游戏美术制作中，3ds Max占据了绝对的统治地位,如图2-1、图2-2所示。

图2-1 建筑室内外表现

图2-2 游戏设计

第一节 3ds Max界面组成

本章重点讲述如何使用3ds Max以及制作游戏的流程和规范。回到3ds Max，如图2-3所示，为3ds Max启动后的界面。

1.标题栏：显示Max版本和文件名。

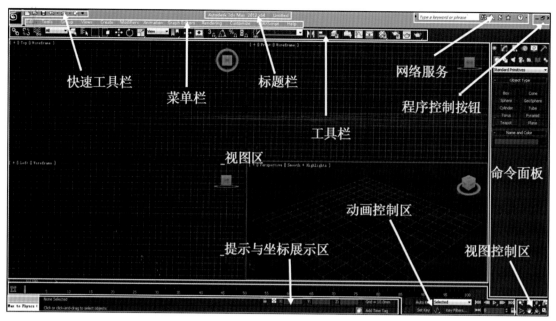

图2-3 界面组成

2.菜单栏：主要是用来控制模型的移动、缩放和旋转等操作。

3.工具栏：主要包括对物体进行操作的常用工具，这些命令在快速工具栏中也可以找到。

4.命令面板：主要是对物体的创建和修改。

5.视图区：主要是观察所创建编辑的物体。

6.视图控制区：对视图区的缩放、环绕。

7.动画控制区：对时间轴以及关键帧的控制。

Autodesk公司出品的3ds Max是顶级的三维软件之一。3ds Max的强大功能，使其从诞生以来就一直受到CG艺术家的喜爱。3ds Max软件是建模使用的主要软件，为了符合游戏模型的制作规范，需要对其做一些必要的相关设置。

第二节 单位设置

由于游戏模型对模型的比例要求比较高，所以需要设置正确的单位。

依次单击Customize（自定义）>Units Setup（单位设置）菜单命令，打开单位设置面板。单击System Unit Setup系统单位按钮，弹出System Unit Setup系统单位面板，在System Unit Scale系统单位比例中设置1Unit为Millimeters（毫米），单击OK按钮，返回到Units Setup单位设置面板，在Display Unit Scale显示单位比例组中选择Metric（公制）并单击展开下方的下拉列表选择Millimeters（毫米），如图2-4所示。

室内游戏场景建模时，一般设置单位为毫米；室外游戏场景建模时，一般设置单位为厘米；而在大面积野

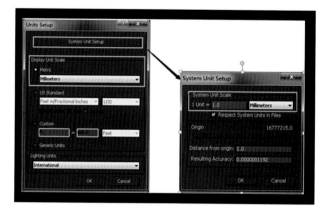

图2-4 单位设置

外建模时，一般设置单位为米。在实际工作中请根据公司的要求进行正确的系统单位设置。

第三节　自动保存寻找的路径

在3ds Max低版本中，Auto Back自动保存的文件是在Max安装的根目录下的，版本升级后，Auto Back自动保存寻找的路径为计算机>文档>3ds Max>autoback，如图2-5所示。

图2-5　自动保存文件

第四节　快捷键设置

由于游戏建模是一个连续不断的操作过程，设置理想的快捷键能够大大提高制作速度，下面介绍如何设置快捷键。

选择菜单Customize（自定义）>Customize User Interface（自定义用户界面）命令，打开Customize User Interface自定义用户界面面板。选择Keyboard键盘选项卡，在该选项卡中可以设置快捷键，也可单击

Load加载按钮，调入.kbdx格式的快捷键，如图2-6所示。

快捷键的设置要注意不能以两个或者两个以上的字母或数字来设置，一般都是单个字母或数字及功能键与字母、数字的组合（功能键是指Shift/Ctrl/Alt）；快捷键一般都设置在左手边以方便操作。

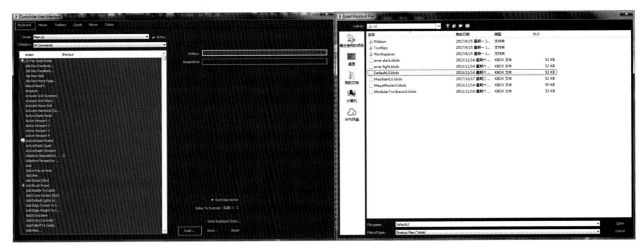

图2-6　快捷键的设置

第二章　游戏美术道具制作

第三章　游戏美术道具制作

第一节　游戏道具制作流程简介

手绘道具模型制作流程步骤可以分成三个部分，分别是手绘道具模型制作、手绘道具ＵＶ制作以及手绘道具贴图制作。在制作的流程步骤中必须循序渐进，不可以跳过其中的环节进行下一步制作。

一、手绘板设置

因为后期会用到手绘板去制作贴图文件，这里先了解一下手绘板的设置。手绘板的使用大大提高了制作模型文件以及贴图的效率，这里使用的是Ｗａｃｏｍ的intuos4系列。

首先安装数位板驱动程序，点击接受按钮，等待安装，安装成功后点击ＯＫ按钮，安装完成后立即重启电脑。如图3-1所示。

图3-1

点击桌面微软图标找到控制面板，单击点开，选择大图标。如图3-2所示。

找到并选择Ｗａｃｏｍ数位板属性。如图3-3所示。

调整画笔属性，画笔有两个按键，可以设置成与鼠标相对应的中间键以及右键，方便使用，可以代替鼠标进行操作。

选择右键单击，点击改为中间键单击。如图3-4、图3-5所示。

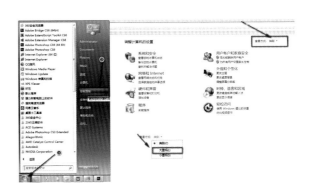

图3-2

图3-3

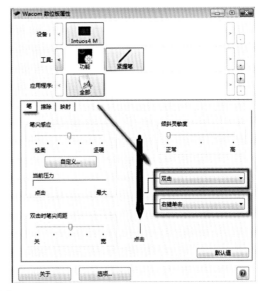

图3-4

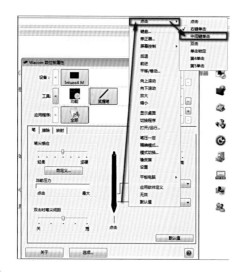

图3-5

选择画笔双击键,点击更改为右键单击。如图3-6、图3-7所示。

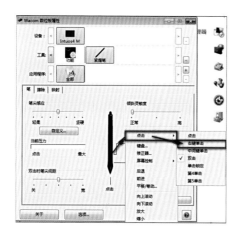

图3-6

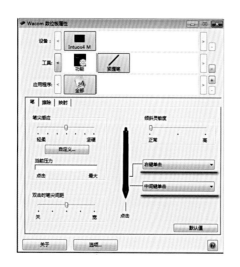

图3-7

在使用画笔绘画的时候,长时间按压画笔会出现水波纹的现象,不利于进行绘制贴图,可以在数位板属性中去掉这一选项,选择映射,去掉使用Windows Ink功能选项即可,如图3-8、图3-9所示。

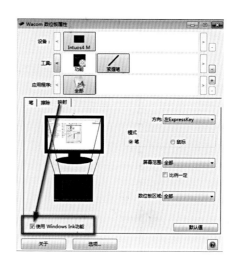

图3-8

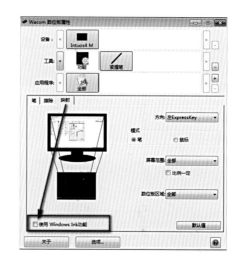

图3-9

同时所使用数位板所提供的快捷键也是可以进行更改的,为防止失误操作,在这里去掉了快捷键的功能,分别选择每一个按键设置成无效即可,如图3-10所示,当然也可以根据个人喜好进行设置。

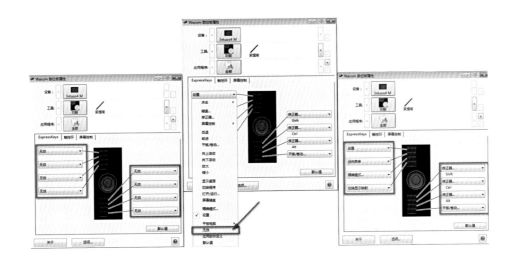

图3-10

二、道具制作要求规范

这里面的要求规范涉及模型制作、UV制作、贴图制作、文件名称等。首先是模型制作，在制作模型时应该注意或者应该避免发生一些问题，比如多边面（通常情况下指的是五边或者五边面以上，因为软件识别模型面数是以三角面或者四边面为主）、点线面的接缝以及重叠，UV的拉伸以及利用率，贴图方面的明暗体积关系、顶底关系，色彩的冷暖，层次节奏表现以及细节质感的表现。

三、模型制作分析

在制作武器模型之前，或者在制作其他三维模型之前，首先要去分析原画，做到心中有数，这样可以快速理清思路，减少弯路。首先来分析一下接下来制作的武器原画，如图3-11所示。

首先可以把这个武器道具分成3个部分，分别是刀身、刀柄以及飘带。

图3-11 图片来自网络，作者不详

其次需要考虑模型的对称制作，可以把对称分为左右对称、前后对称和上下对称（一般情况下不建议使用，会影响光影的渐变）。对称制作的模型会更快，效率更高。贴图相同大小的情况下精度更高，因为所看到的原画左右结构不一样，不适合左右对称，所以适合前后对称制作。

同样在制作模型之前先看一下原画有没有提供素材

参考，如果有的话可以参考原画上面的素材，如果没有那也可以提前找一些素材当作参考，方便后期制作模型或者绘制贴图。

第二节　游戏道具模型制作

一、设置模型原画背景

很多时候为了模型制作方便、快捷以及准确，在3ds Max中制作模型时会把原画放到背景上当作参考，当然这种制作方法比较适用于原画是正交视图，或者是相对比较简单的模型。首先打开原画，单击右键点击属性，如图3-12所示，在第三项详细信息里面查看图片尺寸，如图3-13所示，确定原画图片大小，当然一些看图软件也可以直接在图片最上端显示出图像的像素大小。

接下来在3ds Max右边属性面板中点击创建按钮，选择第一个基本几何体，单击里面的面片，如图3-14所示。然后在前视图中创建一个面片，如图3-15所示，并调整面片的长宽以及分段数，如图3-16所示。

图3-14

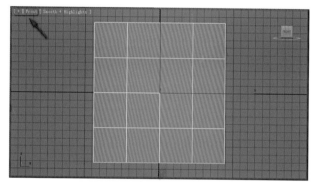

图3-15

图3-12

图3-13

图3-16

输入原画尺寸大小并更改分段数为1，如图3-17所示。接下来可以把原画拖入设置好的模型面片中，如图3-18所示。

图3-17

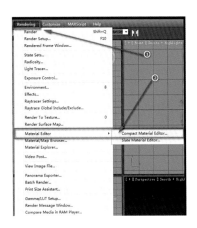

图3-19

图3-20

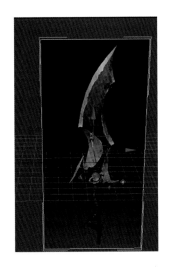

图3-18

当然在拖入过程中如果出现不显示的情况可以在材质球中贴上贴图，在菜单命令中依次打开渲染器，打开材质球编辑器，按快捷键M键，如图3-19所示。

如图3-20所示，选中其中一个材质球，找到Diffuse（漫反射）贴图，选择后面的按钮，选择第一个Bitmap（位图），如图3-21所示，找到文件路径，选中文件并选择打开，如图3-22所示。

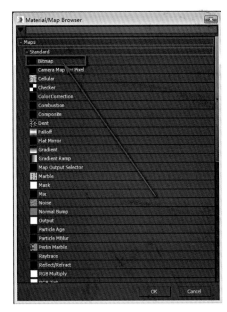

图3-21

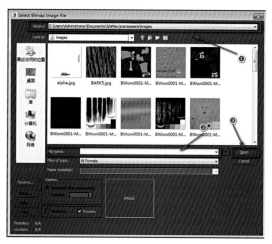

图3-22

打开材质球选择返回上一层，如图3-23所示，选择材质球，点击指定材质球，然后单击显示，如图3-24所示。

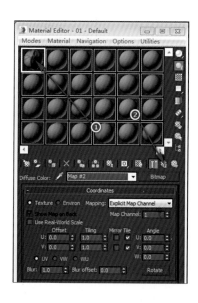

图3-23

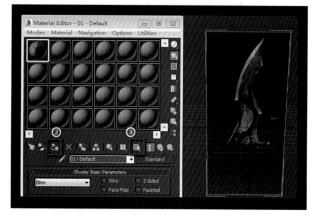

图3-24

接下来把背景图片缩小到网格大小，如图3-25所示，然后往后移动，如图3-26所示。

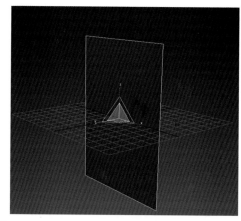

图3-25

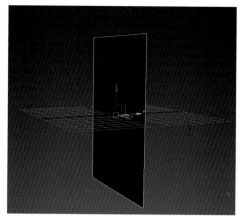

图3-26

然后单击右键选择Object Properties（物体属性），如图3-27所示，取消勾选Show Frozen in Gray（显示冻结成灰色），如图3-28所示。

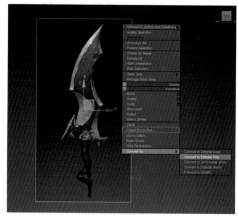

图3-27

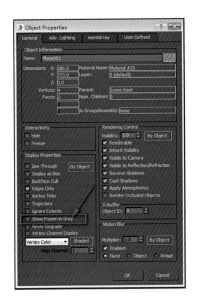

图3-28

如图3-29、图3-30所示，再次点击物体单击右键，选择Freeze Selection（冻结选择），这个时候框选就不会选择物体，接下来可以开始制作模型了。

图3-29

图3-30

二、标准基本体创建模型

在创建面板新建一个Box（立方体），然后在透视图缩放厚度，如图3-31、图3-32所示。

图3-31

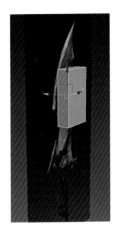

图3-32

接着选择第三个面板的层级面板点击Affect Pivot Only（仅影响轴），接着点击Center to Object（中心对象），如图3-33所示，然后单击右键转化为多边形Convert to Editable Poly，如图3-34所示。

图3-33

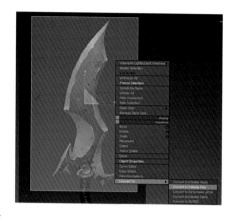

图3-34

图3-37

选择线，按键盘快捷键2，如图3-35所示，选择相互间隔的线Ring，如图3-36所示，快捷键Alt+R，如图3-37所示。接着点击右键Connect（连接），如图3-38所示，或者在编辑面板点击Connect（连接）按钮，如图3-39所示，这样就得到了一根横着的线，如图3-40所示，当然也可以按键盘快捷键Ctrl+Shift+E。

图3-38

图3-35

图3-36

图3-39

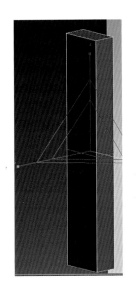

图3-40

换到正视图，贴上默认材质球，如图3-41所示，模型半透明显示，快捷键Alt+X，如图3-42所示。

图3-41

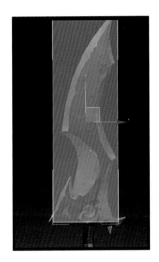

图3-42

选择顶点进行调整，如图3-43所示。

继续加线段进行调整，有些结构看得不太清楚的时候可以调整材质球的不透明度，如图3-44所示，降低Opacity不透明度的数值。

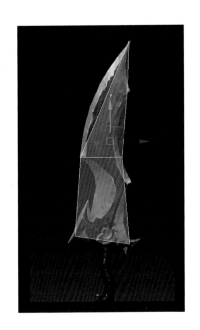

图3-43

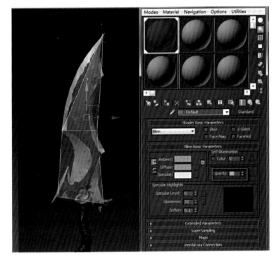

图3-44

三、模型对称制作

创建一个立方体添加分段线，选中模型面，如图3-45、图3-46所示，按Delete删掉，如图3-47所示，在编辑面板Modifier List中找到Symmetry对称命令，如图3-48所示，选择轴向进行调整。

选择模型，如图3-49所示，如果在选择点的级别下模型不显示对称的另一半，这个时候可以点开模型里面的显示开关，如图3-50所示，接着加线，如图3-51所示，并调整模型点的位置，如图3-52所示。

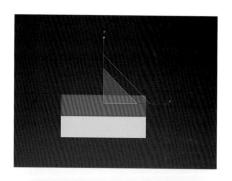

图3-45

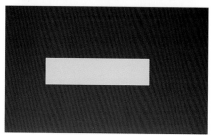

图3-46

图3-47

图3-48

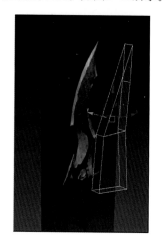

图3-49

图3-50

图3-51

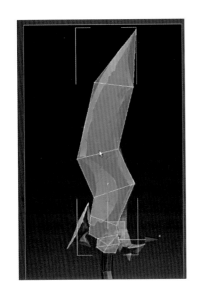

图3-52

继续选择需要挤出的面然后挤出并调整，如图3-55、图3-56所示。最终调整效果如图3-57所示。

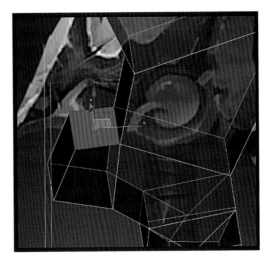

图3-55

如图3-53所示，选择需要挤出的面，单击Extrude（挤出）命令，如图3-54所示。

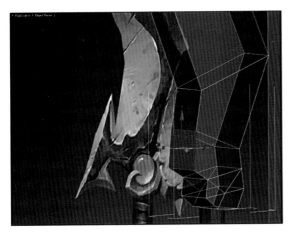

图3-53

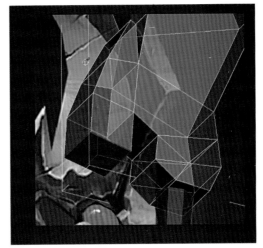

图3-56

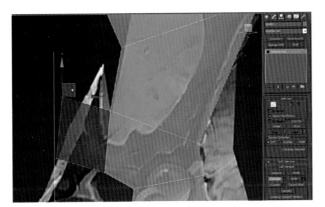

图3-54

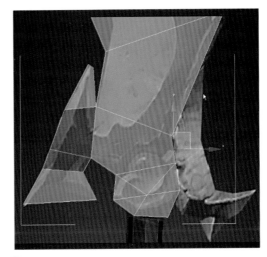

图3-57

如图3-58所示,将武器的另一边进行挤出并调整,最终调整结构如图3-59所示。

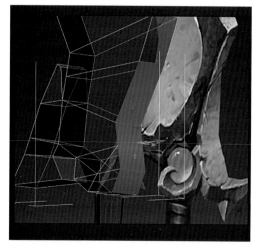

图3-58

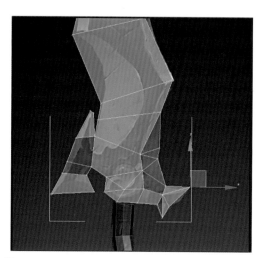

图3-59

下面开始制作刀柄,如图3-60所示,选择工具Line,调整Corner选项,按照原画的刀柄进行绘制,如图3-61所示,将Line的属性进行调整。

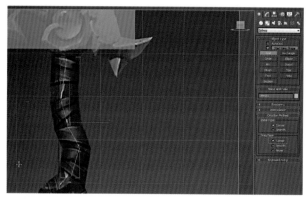

图3-60

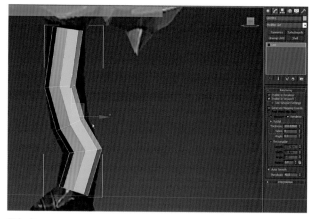

图3-61

如图3-62所示,将Line转变成可编辑的多边形,并且选择模型点进行调整。如图3-63所示。

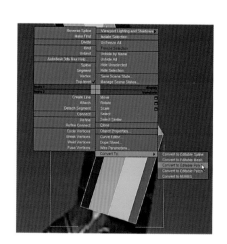

图3-62

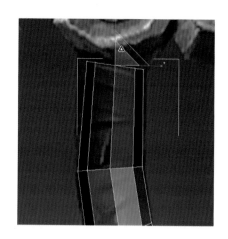

图3-63

如图3-64、图3-65所示,选择刀柄下面的面,按照By Polygon设置,挤出两个分开的模型,如图3-66所示。

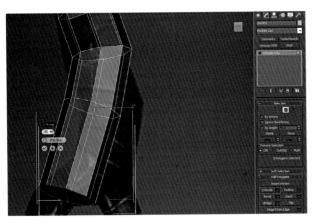

图3-64

图3-67

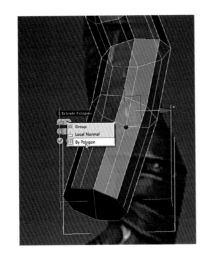

图3-65

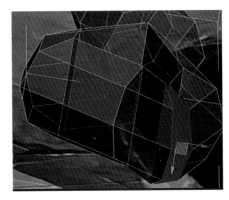

图3-68

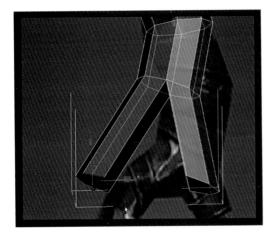

图3-66

图3-69

继续调整挤出的模型，如图3-67所示。

如图3-68所示，选择模型两端需要焊接的面，单击
Bridge（桥接）命令，如图3-69所示。最终调整刀柄的
模型，如图3-70所示。

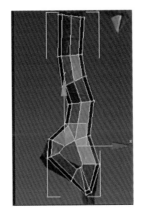

图3-70

如图3—71所示,制作刀柄的飘带用面片。

最终整体模型的大致形体已制作完成,如图3—72
所示。

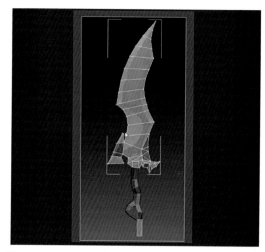

图3—73

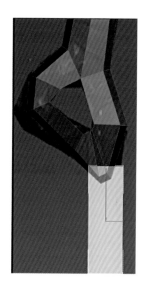

图3—71

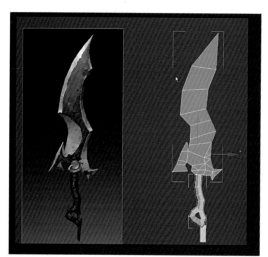

图3—72

四、模型结构制作以及调整

在模型的大体结构制作完成后就可以进行细节结构
的制作。如图3—73所示,将整体刀身的线段增加使其圆
滑。如图3—74所示,在刀身纵向增加一条线段用来将刀
刃的结构卡出来。

如图3—75所示,将刀身背端的钝角也用一段线卡出
来,并调整点使其与原画一致,如图3—76所示。

下面需要将刀身上的宝石位置制作出来,方便制作
结构。

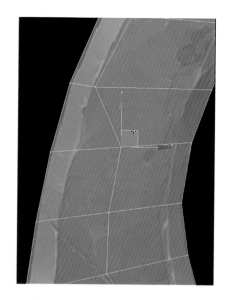

图3—74

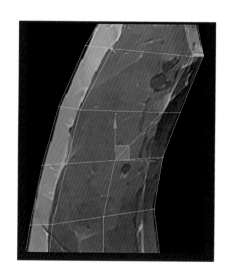

图3—75

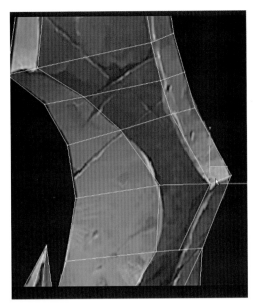

图3-76

如图3-77、图3-78所示，选择宝石上方的布线并将其删除。

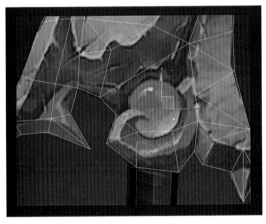

图3-77

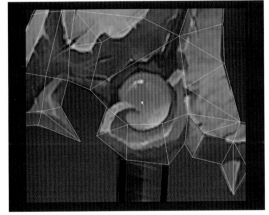

图3-78

在模型上加一些线并将它们调整到宝石的位置，如图3-79所示。

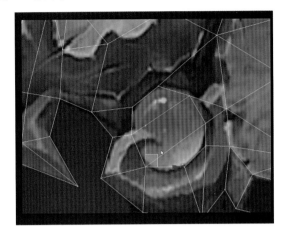

图3-79

最终刀身正视图的效果调整如图3-80所示。

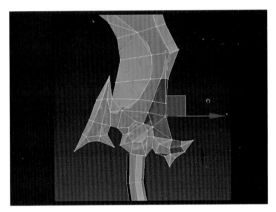

图3-80

如图3-81所示，下面开始制作侧面刀刃锋利的效果。

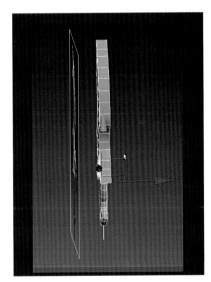

图3-81

如图3-82所示，选择刀尖的两个点，将它们合并，
如图3-83所示。

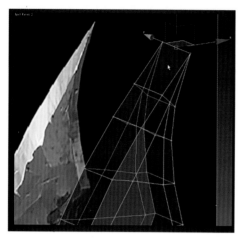

图3-82

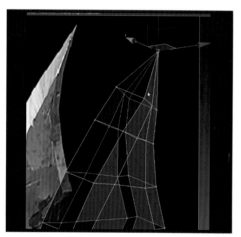

图3-83

如图3-84所示，选择刀刃上的点，运用缩放工具，
调整出需要的效果，如图3-85所示。

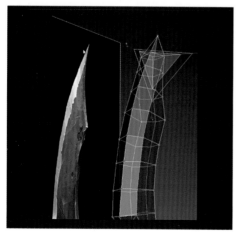

图3-84

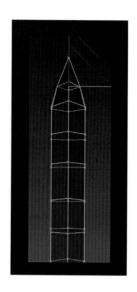

图3-85

如图3-86所示，运用同样的方法完成其他部分的调
整，调整完的效果可以参考图3-87。

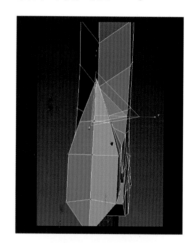

图3-86

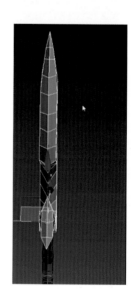

图3-87

如图3-88、图3-89所示，将刀身下方需要刀刃的地方加一条中线。

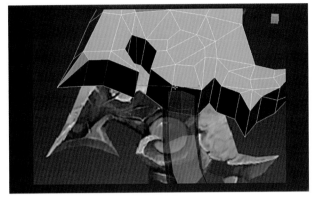

图3-88

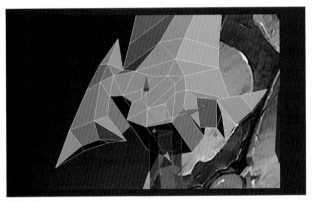

图3-89

调整新加的线段，如图3-90所示，在需要添加线段的位置继续调整，如图3-91所示。

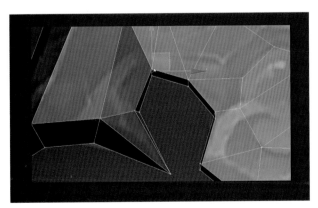

图3-90

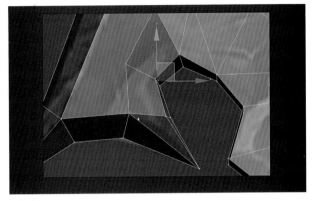

图3-91

整体观察刀身的侧面，选择如图3-92所示的点，运用缩放工具将整个侧面调整薄一些，如图3-93所示。

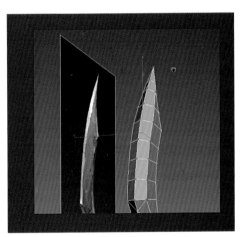

图3-92

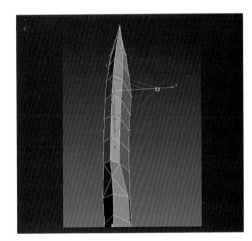

图3-93

如图3-94所示，选择整把刀身需要缩放的点并缩放，转动视图观察效果，如图3-95所示。

如图3-97~图3-99所示，继续调整刀身的侧面效果。最终参考如图3-100所示。

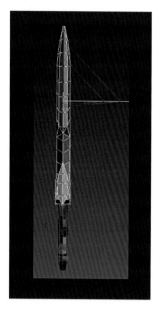

图3-94

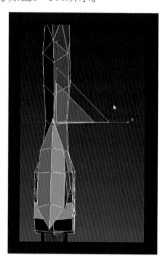

图3-97

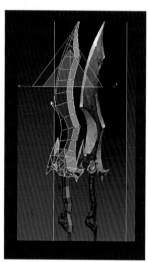

图3-95

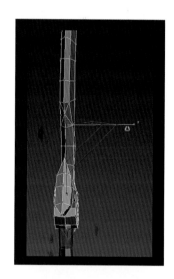

图3-98

如图3-96所示，选择一些需要单独调整的点并调整。

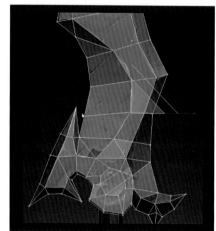

图3-96

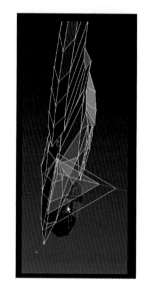

图3-99

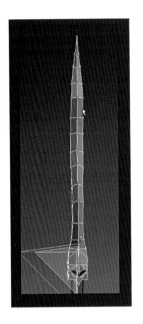

图3-100

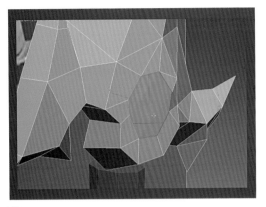

图3-103

如图3-101、图3-102所示，从顶视图选择刀身的一半并删除，方便后面的模型制作。

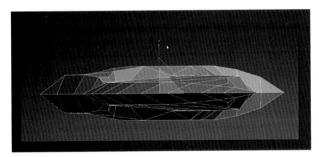

图3-101

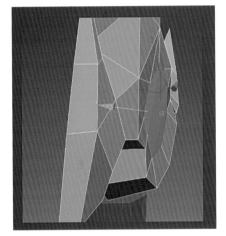

图3-104

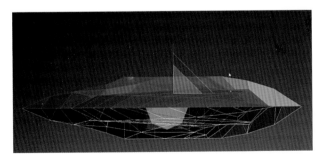

图3-102

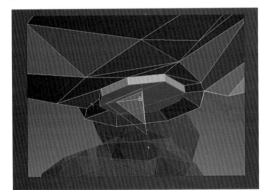

图3-105

如图3-103所示，选择宝石的面并用移动工具将其调整，如图3-104所示。

如图3-105所示，将面挤出。缩放这个面，这样的坡面会有利于后面绘制贴图的最终效果，如图3-106所示。

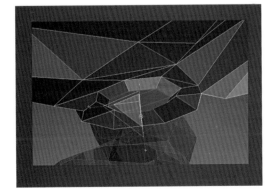

图3-106

如图3-107所示，从侧面观察宝石的结构。如图
3-108所示，将宝石上方的结构加线并调整点，如图
3-109～图3-111所示。

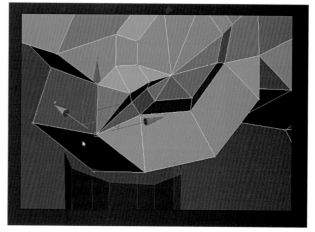

图3-110

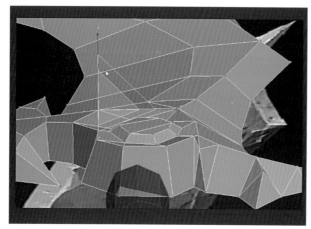

图3-107

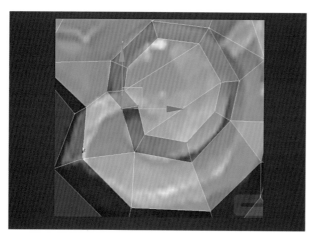

图3-108

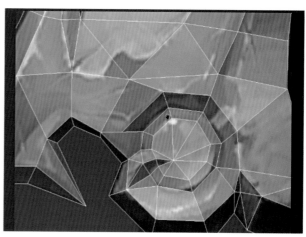

图3-111

最后再调整一下点，将需要重新布线的点整理完
成，如图3-112、图3-113所示。

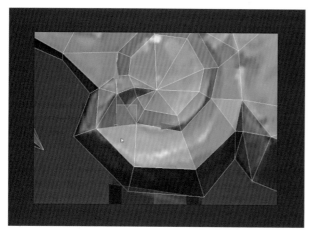

图3-109

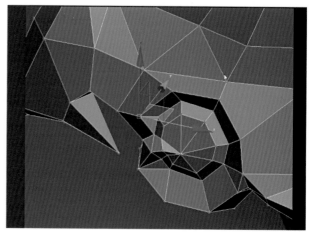

图3-112

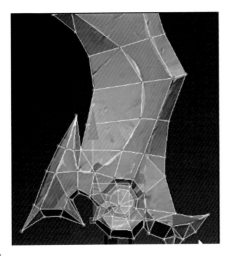

图3-113

如图3-114所示，在一半模型制作完成后可以先镜像选择Symmetry，如图3-115所示。

图3-114

图3-115

最后效果如图3-116所示。

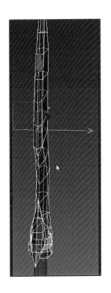

图3-116

下面再将刀柄调整一下，如图3-117～图3-119所示。

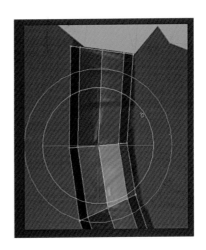

图3-117

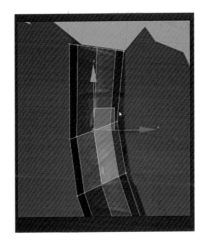

图3-118

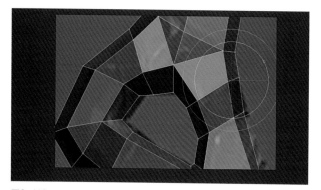

图3-119

图3-122

如图3-120、图3-121所示,删除刀柄顶端的面。

图3-120

图3-123

图3-121

图3-124

如图3-122、图3-123所示,把刀柄插入刀身中。

如图3-124所示,为整体细节结构完成效果参考。

五、模型整体调整以及重置模型信息

最后需要将模型中一些不合理的地方进行修改。

如图3-125所示，将不影响大致形状的线合并，减少资源浪费，如图3-126所示。

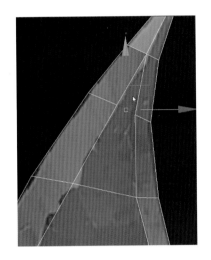

图3-125

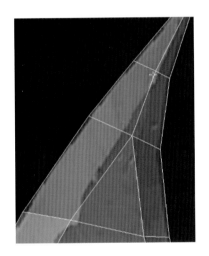

图3-126

如图3-127、图3-128所示，合并不影响大致形状的线。

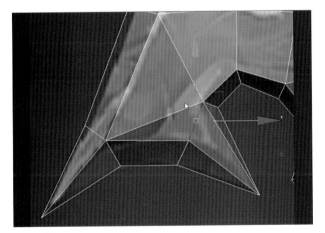

图3-127

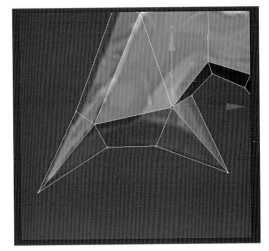

图3-128

如图3-129所示，检查模型上是否有多边面，如图3-130所示，通过连线或者合并线来解决多边面的问题。

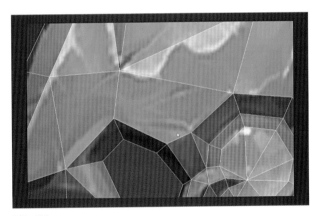

图3-129

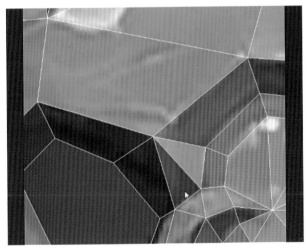

图3-130

如图3-131、图3-132所示,从侧面和底面等多个角度来观察模型,将不圆滑的点进行调整。

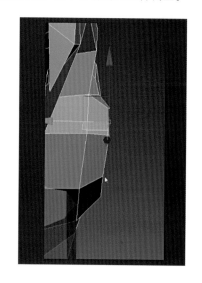

图3-131

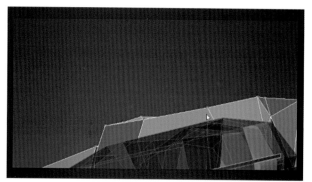

图3-132

如图3-133所示,选择两侧相同的点,运用缩放工具调整,如图3-134所示。

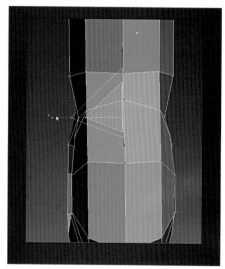

图3-133

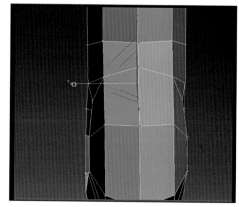

图3-134

如图3-135、图3-136所示,选择一圈线并通过缩放工具压到一个平面。

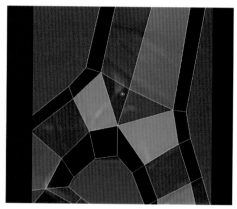

图3-135

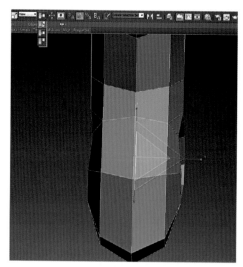

图3-136

如图3-137、图3-138所示,为侧面刀柄调整效果参考。

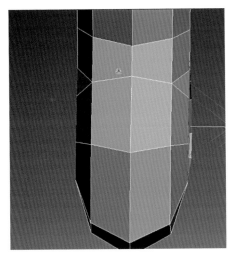

图3-137

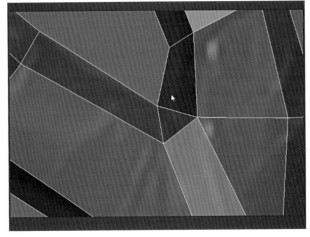

图3-140

如图3-141所示，选择不需要的线并删除，如图3-142所示。

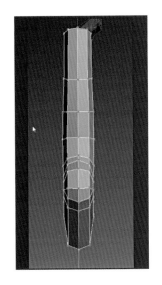

图3-138

如图3-139所示，选择刀柄上小的结构并合并，如图3-140所示。

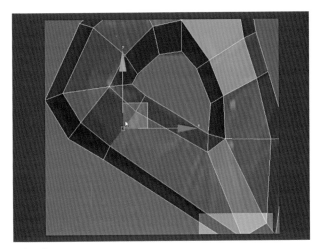

图3-141

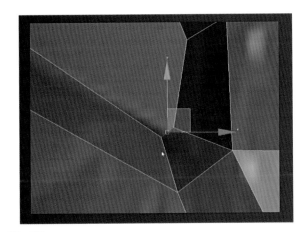

图3-139

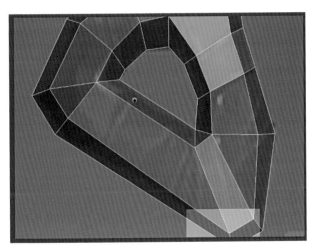

图3-142

如图3-143所示，将模型上的自定义颜色改成黑色。

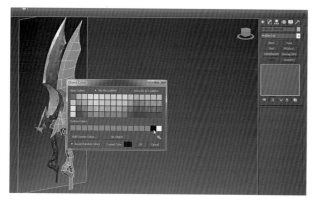

图3-143

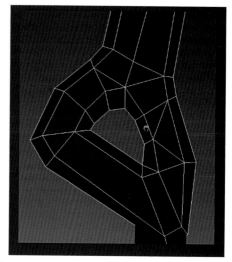

图3-146

如图3-144所示，将背景色变成黑色。

如图3-147所示，为参考模型最终效果。

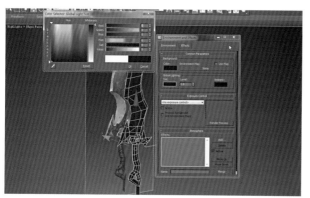

图3-144

如图3-145所示，观察剪影的效果并对模型进行调整，如图3-146所示，将不需要的线删除。

图3-147

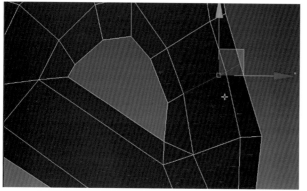

图3-145

第三节　游戏道具UV拆分摆放

一、UV概念

UV的概念主要是指贴图的坐标，UV分别是指横向以及纵向的坐标，就像画布长度以及宽度一样。理解了UV对后面绘制贴图是有帮助的，UV的拆分摆放也很重要，就像一张纸，把它铺平了去画，跟在一张很多褶皱的纸上去画是不一样的。

二、UV拆分以及注意要点

首先删除镜像的模型面，如图3-148所示，接着添加Unwrap UVW编辑器，打开UV编辑器，如图3-149所示，然后在UV编辑器选择所有的面，按快捷键3，单击快速拍平按钮，如图3-150所示。

图3-148

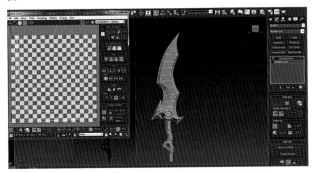

图3-149

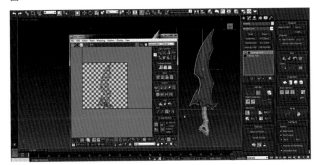

图3-150

选中需要剪开的UV线，然后在UV编辑器里面点击右键选择Break（打断），如图3-151所示。

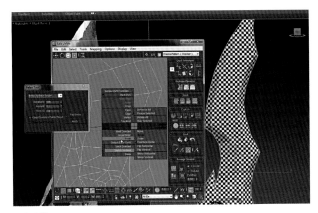

图3-151

选中所有的面，然后在UV编辑器里面点击右键选择Relax（松弛），然后在弹出的窗口中选择Relax By Polygon Angle（由多边形角松弛），如图3-152、图3-153所示。

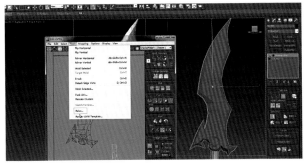

图3-152

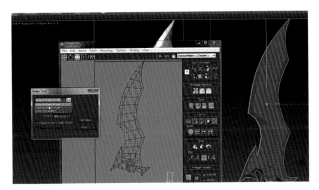

图3-153

在Tools工具面板中选择Pack UV匹配UV大小，如图3-154所示。

接着摆满UV，注意摆放的时候全部摆在UV象限的左边，也就是一半的位置，如图3-156所示。

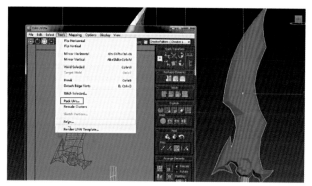

图3-154

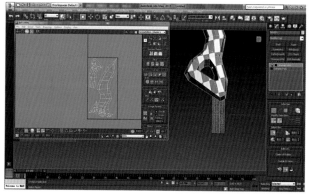

图3-156

三、UV摆放以及注意要点

在摆放UV的时候，尽量把UV摆在UV线框内，因为这个UV适合分成长条形，也就是两张512像素大小的贴图，可以把UV竖着摆放，首先选择所有的面进行缩放，如图3-155所示。

接着在Options选项中找到Preferences首选项，如图3-157所示。

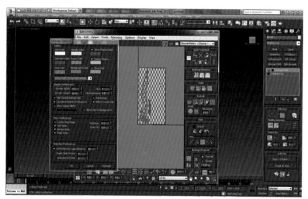

图3-155

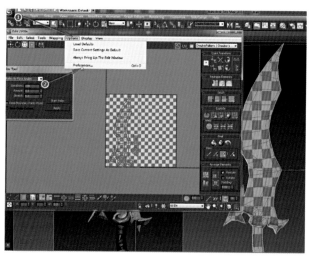

图3-157

第四节 游戏道具UV及模型导出

一、导出文件类型以及注意事项

在Tools工具面板中，选择Render UVW Template渲染UV线框，如图3-158所示。

在弹出的渲染框中调整渲染UV的大小，然后点击渲染，并保存为PNG格式。在弹出的对话框中选择保存为RGB24位（1670万色），当然也可以保存为JPEG格

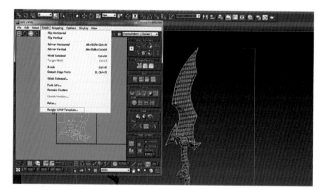

图3-158

式。如图3-159~图3-161所示。

接着在3ds Max中按第一个图标按钮，选择Export Selected（导出选择），导出为OBJ文件即可，如图3-162、图3-163所示。

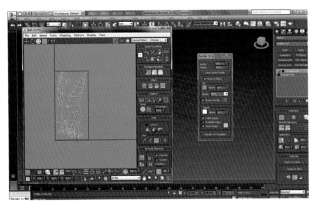

图3-159

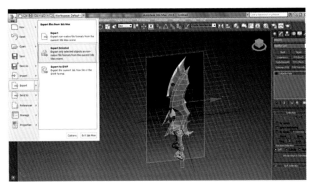

图3-162

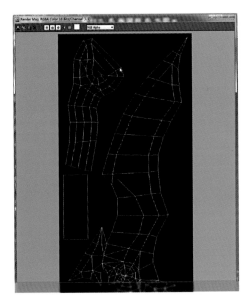

图3-160

图3-163

二、UV渲染文件转换成PSD文件

把PNG文件拖入Photoshop中，新建一个图层，放在最下面并填充一个颜色，当然也可以在最上面新建一个图层填充成一个遮罩层，然后保存为PSD文件，如图3-164所示。

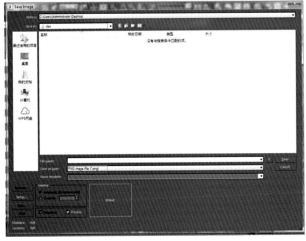

图3-161

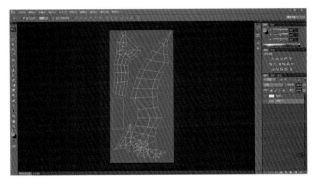

图3-164

在3ds Max中打开材质球，拖入保存好的PSD文件，贴给模型，选择模型点击右键物体属性，打开自发光选项，如图3-165所示。

图3-165

第五节　导入模型文件到BodyPaint3D

一、BodyPaint3D软件设置

打开BodyPaint3D，在Edit编辑中找到Preferences（首选项），如图3-166所示。

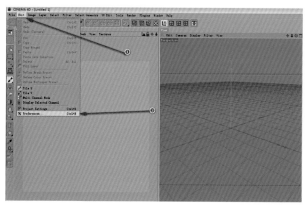

图3-166

接着在弹出的窗口中勾选Graphic Tablet（手写板）选项以及Reverse Orbit（相反的轨道），如图3-167所示。

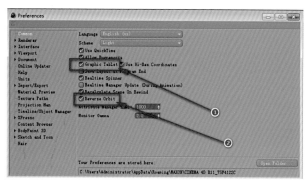

图3-167

然后在Window窗口中，找到Layout（布局），单击选择BP 3D Paint，然后再次回到这个步骤，选择Save as Startup Layout（保存为启动布局），这样下次启动的时候就不用再调界面布局，如图3-168所示。

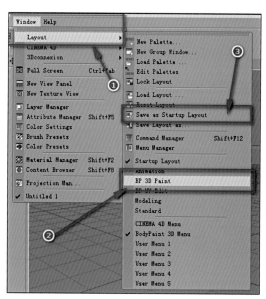

图3-168

二、导入模型贴图文件到BodyPaint3D

依次拖入OBJ文件到View视图窗口，以及PSD文件到Materials材质球面板中，需要注意的是要点开材质球上面的X图标，然后把PSD文件拖拽到模型上面，这样就可以在材质球上进行贴图绘制了，然后再依次点开材质球里面的图层，如图3-169所示。

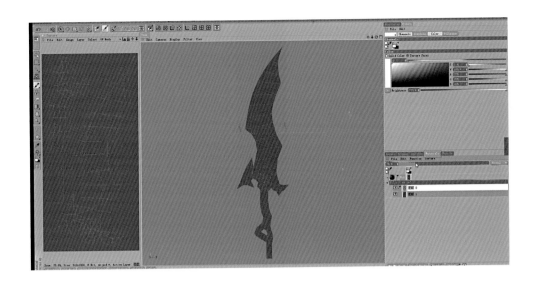

图3-169

第六节　游戏道具贴图制作

一、道具贴图固有色绘制

在BodyPaint3D中绘制贴图固有色，并且在3ds Max中进行观察，如图3-170所示。

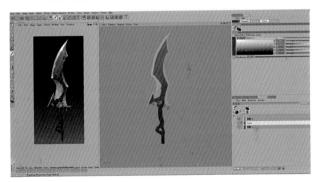

图3-170

二、道具贴图体积光影关系绘制

根据原画绘制光影结构，如图3-171所示。

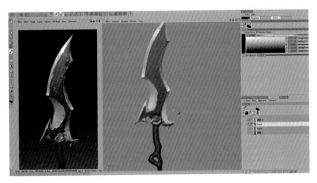

图3-171

三、道具贴图结构纹理绘制

继续绘制贴图纹理图案，如图3-172、图3-173所示。

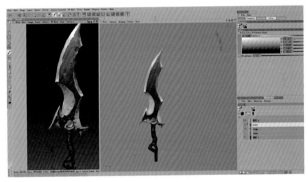

图3-172

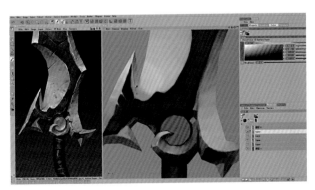

图3-173

在绘制的过程中多观察并及时地进行调整，如图3-174、图3-175所示。

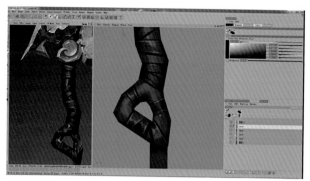

图3-174

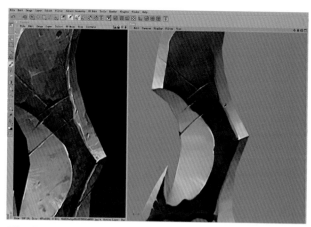

图3-177

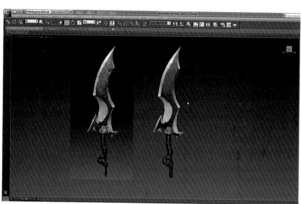

图3-175

根据所绘制的结构纹理加深细节绘制，如图3-176所示。

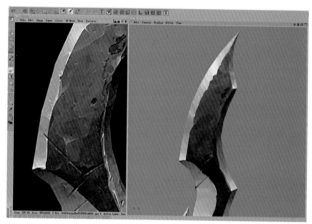

图3-178

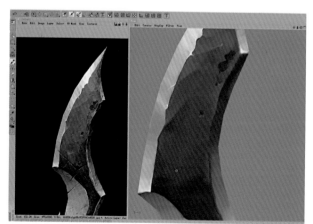

图3-176

添加一些破损、灰尘以及划痕、脏旧的痕迹，这样会让画面更加生动自然，如图3-177、图3-178所示。

四、道具贴图整体调整

后面的步骤都是不断观察不断进行调整，如图3-179所示。

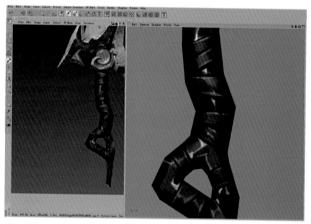

图3-179

当然有些地方还是可以继续添加细节，如图3-180所示。

最后再把模型跟原画放在一起进行对比调整，如图3-181所示。

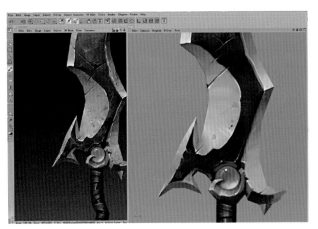

图3-180

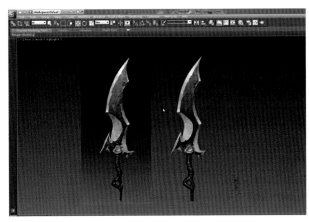

图3-181

第四章　游戏美术场景制作

第四章 游戏美术场景制作

第一节 游戏美术场景制作

一、游戏场景制作流程

手绘场景模型制作，首先要分析原画，主要分析原画的比例。具体的制作步骤可以分成三个部分，分别是场景模型制作、场景UV制作以及场景贴图制作。在制作的流程步骤中必须循序渐进，不可以跳过其中的环节进行下一步制作。

二、游戏场景原画分析

通过对场景原画的观察与分析，把相对复杂的原画拆分进行查看。观察原画看怎样制作模型比较快速。分析UV如何镜像共用，最大限度地利用贴图空间。有一些镜像制作的模型可以只做一半或者四分之一，这样可以大大减少在模型制作上的时间，所以原画分析是模型制作中必不可少的步骤。

三、游戏场景比例分析

首先要找对场景的比例大小，整体观察建筑主体的长宽高的比例。如图4-1所示，建筑主体的比例大概是长：宽：高=1：0.5：1。

图4-1

第二节 游戏场景模型制作

一、游戏场景模型搭建

在3ds Max中建一个长：宽：高=1：0.5：1的Box作为基础比例参考，如图4-2所示。

打开层级，点开层级前面的加号，选择创建的Box，如图4-3所示。

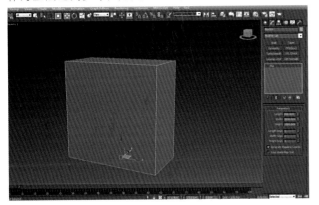

图4-2

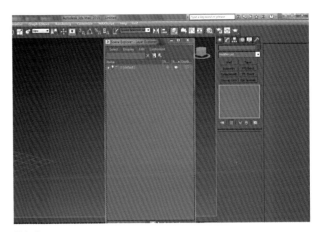

图4-3

如图4-4所示，选中Box后点击添加图层，然后再点击冻结。

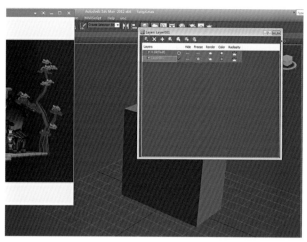

图4-4

如图4-5所示，这个用来参考比例的Box就被冻结了，不会影响后面模型的制作。

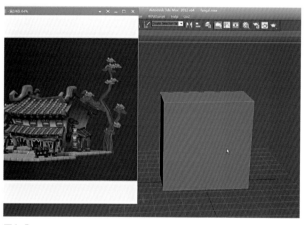

图4-5

如图4-6所示，新建一个Box右键转变为可编辑多边形。

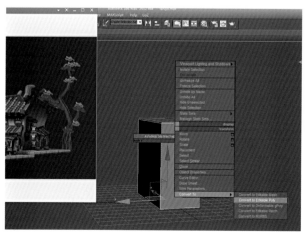

图4-6

如图4-7所示，选择Box纵向上的一圈线。

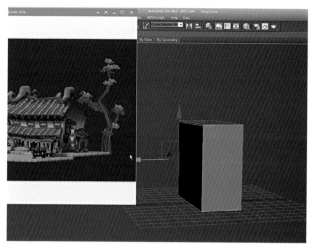

图4-7

如图4-8所示，在Box的中间加一条中线。

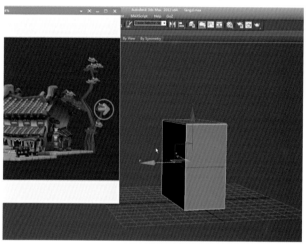

图4-8

如图4-9、图4-10所示，运用缩放工具调整顶部的点，让整个房屋的主体呈一个梯形。

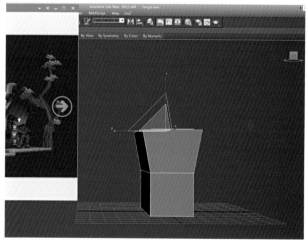

图4-9

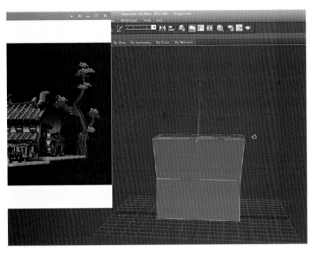

图4-10

如图4-11所示，在房屋的顶端加一条中线，并且运用移动工具拉高模型形成一个屋顶的结构。

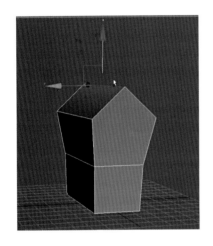

图4-11

如图4-12所示，房屋底部的面在场景中是看不到的，所以选择它并删除。

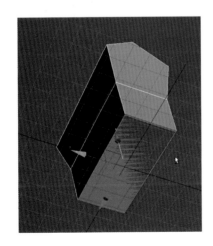

图4-12

如图4-13所示，选择房屋主体模型，打开层面板，将主体模型加入默认层里，先选择1右键点击2即可。

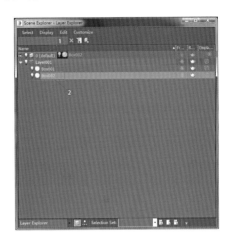

图4-13

这时候就可以将之前的参考模型隐藏了，如图4-14所示，点击图层中的隐藏按钮。

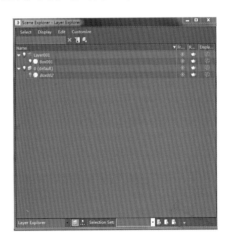

图4-14

如图4-15所示，将屋顶两侧的五边面进行连线。

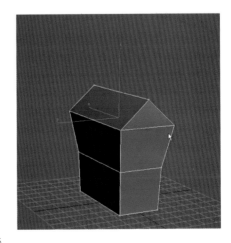

图4-15

选择屋顶两边的面,如图4-16所示。

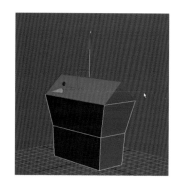

图4-16

如图4-17所示,点击Detach(分离)命令,将屋顶的结构分离开。

图4-17

如图4-18所示,选择屋顶模型并将坐标轴归到物体中心。

图4-18

如图4-19所示,运用缩放工具将屋顶稍微调大一些,做出屋檐的感觉。

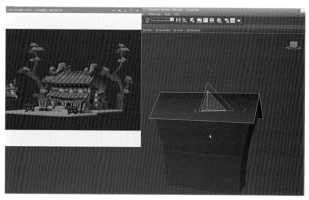

图4-19

如图4-20所示,给屋顶加厚度,添加Shell(壳)命令。

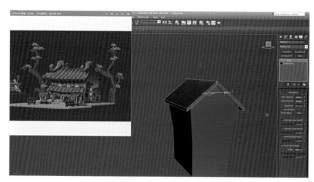

图4-20

如果发现加的厚度宽度不一致,需要先将物体的信息重置,如图4-21所示。

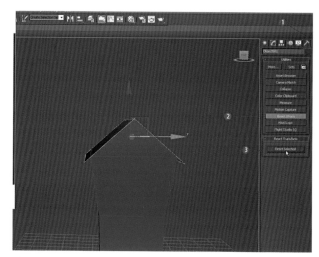

图4-21

如图4-22所示，重置信息后再将Shell命名合并，这时候再重新加厚度，如图4-23所示。

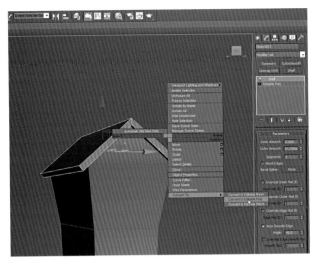

图4-22

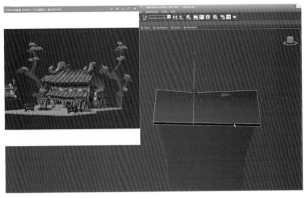

图4-25

如图4-26所示，复制屋顶的信息，并放置在房屋一楼前檐的位置。

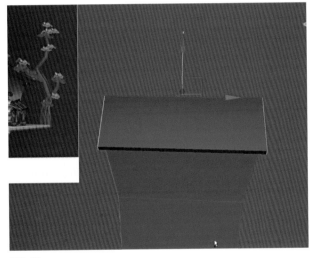

图4-23

如图4-24、图4-25所示，在屋顶加一条线，并且运用移动工具调整点达到图中的效果。

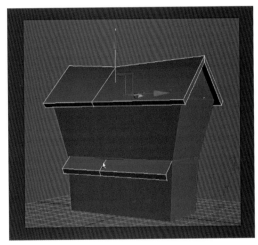

图4-26

接下来将屋顶看不到的面进行删除，减少模型和贴图的浪费。如图4-27、图4-28所示，选择屋顶侧边的面并删除。

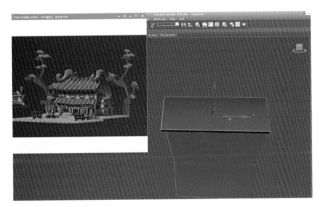

图4-24

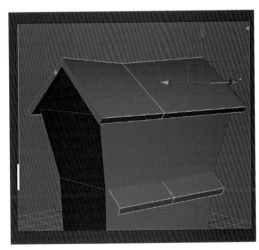

图4-27

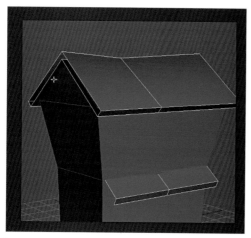

图4-28

如图4-29所示，将屋顶内部看不到的面也删除，能够大大减少UV空间的浪费。

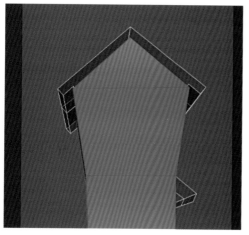

图4-29

如图4-30、图4-31所示，将一楼屋檐的底面拖拽出来。

图4-30

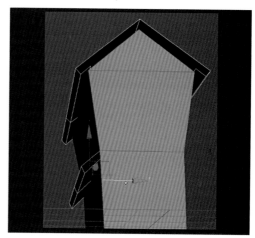

图4-31

如图4-32所示，选择屋顶边缘的两条线，点击提取线的命令，如图4-33所示。

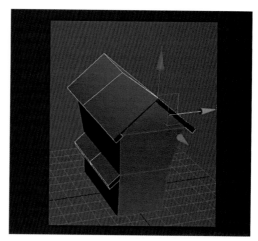

图4-32

图4-33

如图4-34所示，选择正确的选项。

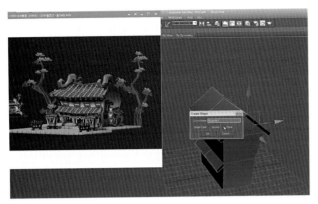

图4-34

如图4-35所示，选择提取出来的线，打开渲染属性并调整数值达到图中的效果。

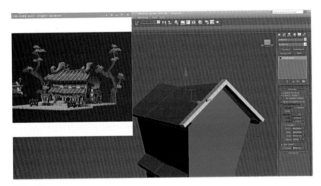

图4-35

如图4-36所示，确定调节完成后右键转变为可编辑多边形。

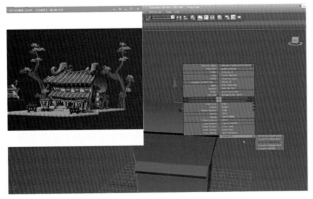

图4-36

如图4-37所示，将中心点归于物体中心。

图4-37

如图4-38、图4-39所示，调整边缘底部的结构，达到图中的效果。

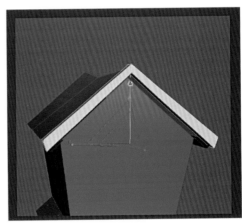

图4-38

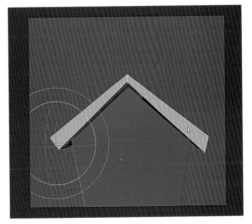

图4-39

如图4-40所示，从顶视图调整边缘结构。

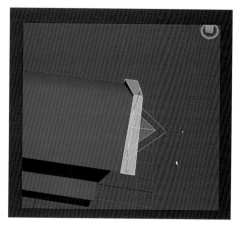

图4-40

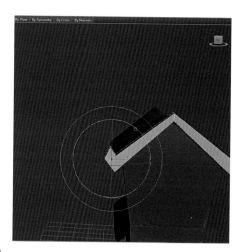

图4-43

如图4-41所示，在边缘加线，并选择面。

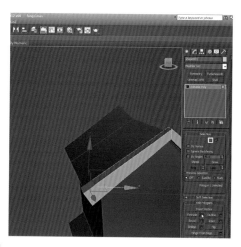

图4-41

如图4-44所示，单独显示这个模型并删除另外一边的结构。

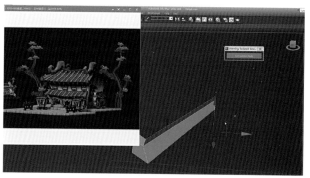

图4-44

如图4-42、图4-43所示，挤出面并调整。

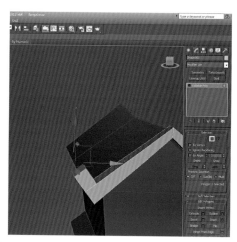

图4-42

如图4-45所示，添加镜像命令，调整正确的轴向。

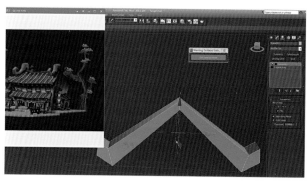

图4-45

如图4-46所示，观察结构的整体效果并合并镜像命令。

如图4-47所示，将结构镜像移到房屋的另一侧。

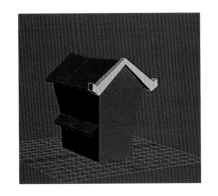

图4-46

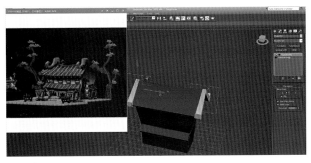

图4-47

如图4-48、图4-49所示，完成屋顶的横梁结构制作。

图4-48

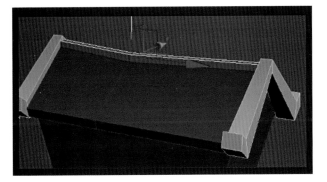

图4-49

下面创建一个Box并添加中线，删除一半。如图4-50、图4-51所示。

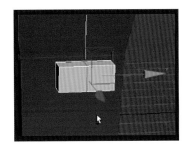

图4-50

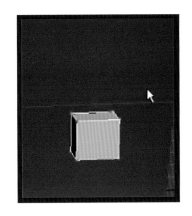

图4-51

如图4-52、图4-53所示，调整结构。

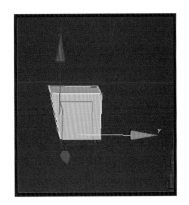

图4-52

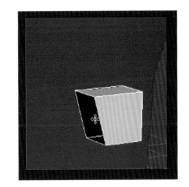

图4-53

如图4-54、图4-55所示，继续制作这个结构。

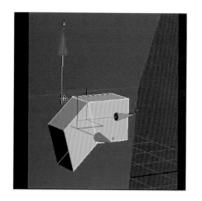

图4-54

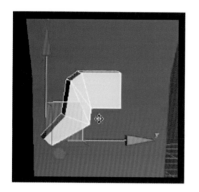

图4-55

如图4-56所示，观察结构放置屋顶的位置。

图4-56

如图4-57所示，在这两个结构中间还有一个过渡结构，复制下面的结构来调整。

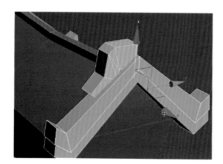

图4-57

如图4-58、图4-59所示，缩小结构放置合适的位置，删除前端翘起的结构。

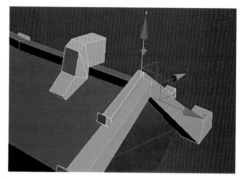

图4-58

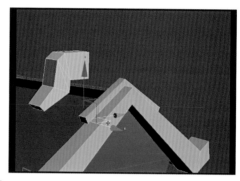

图4-59

如图4-60、图4-61所示，在顶端加两段线并调整。

图4-60

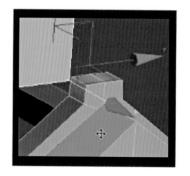

图4-61

如图4-62、图4-63所示，继续调整屋顶的装饰结构。

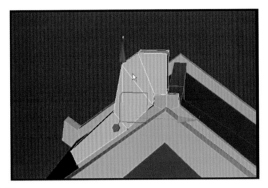

图4-62

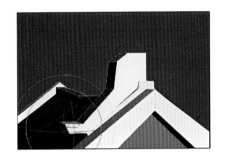

图4-63

如图4-64所示，运用移动工具调整结构。

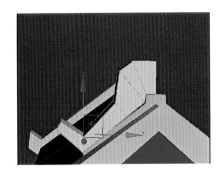

图4-64

如图4-65所示，继续拖拽出结构并运用旋转工具调整。

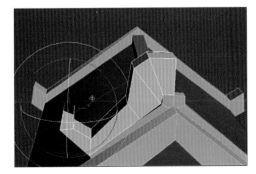

图4-65

如图4-66所示，在顶视图缩放结构。

图4-66

如图4-67所示，继续拖拽出结构并运用移动工具调整。

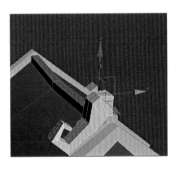

图4-67

如图4-68、图4-69所示，添加一条中线并调整出中间圆弧的结构。

图4-68

图4-69

如图4-70所示,调整底部的点。

图4-70

如图4-71所示,选择底部不影响结构的线并删除。

图4-71

如图4-72所示,连接相近的两个点打破五边面的结构。

图4-72

如图4-73所示,完成这个结构后加镜像命令,观察整体效果。

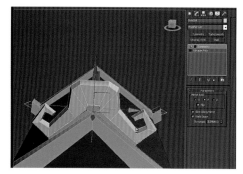

图4-73

如图4-74所示,参考原画继续调整结构。

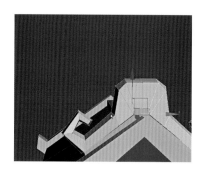

图4-74

如图4-75所示,复制结构到另外一边的屋顶上。

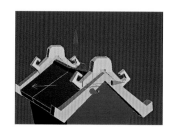

图4-75

如图4-76所示,在结构圆角再加一段线,将圆角调圆滑。

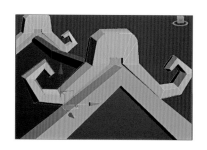

图4-76

如图4-77所示,复制一个屋顶结构放置在屋檐底部。

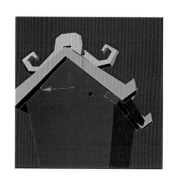

图4-77

如图4-78所示，调整这个结构。

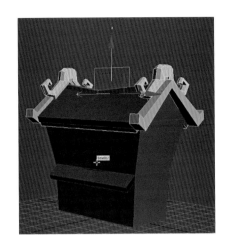

图4-78

如图4-79所示，继续完成一楼的屋檐结构。

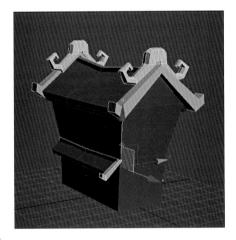

图4-79

如图4-80、图4-81所示，制作侧面门的屋檐结构。

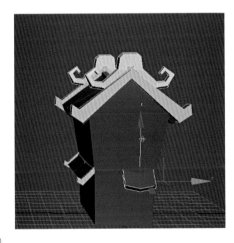

图4-80

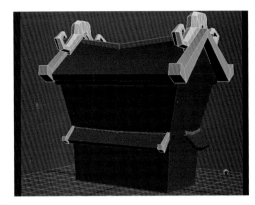

图4-81

如图4-82所示，增加地面模型，整体的房屋主体结构完成。

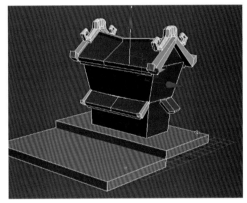

图4-82

二、游戏场景模型细节搭建

下面开始制作房屋的细节结构。如图4-83所示，创建一个窗户的面片，在二层楼的位置复制摆放好窗户，如图4-84所示。

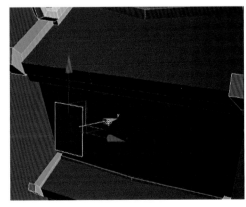

图4-83

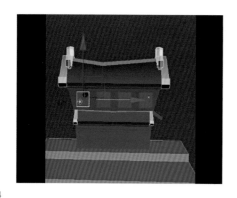

图4-84

如图4-85所示，从侧面调整窗户面片与墙面一致。

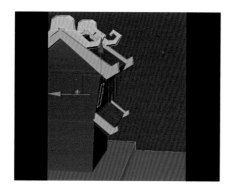

图4-85

如图4-86所示，创建一个Box。

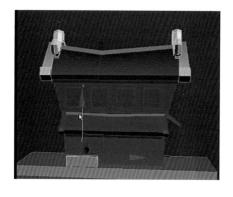

图4-86

如图4-87所示，在Box顶面加一段线并调整。

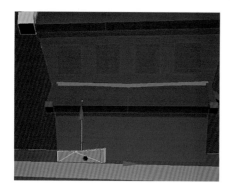

图4-87

如图4-88所示，将镜像Box移到另外一侧。

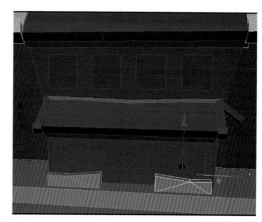

图4-88

如图4-89、图4-90所示，添加柱子的结构并复制到相应的位置上。

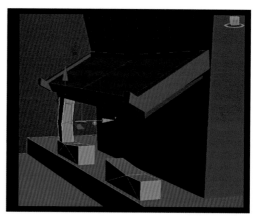

图4-89

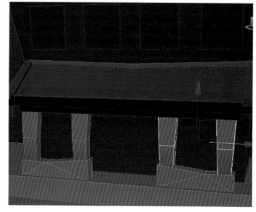

图4-90

继续完成门框上的横梁结构，如图4-91所示。

图4-91

复制并调整旁边的门框结构，如图4-92所示。

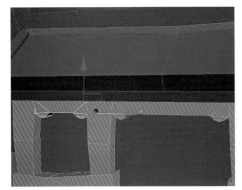

图4-92

如图4-93所示，复制并调整侧门的门框结构。

图4-93

如图4-94所示，创建圆形面片并添加到一楼的墙面上，制作窗户的结构。

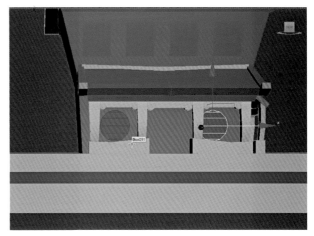

图4-94

如图4-95所示，完成大门的模型制作。

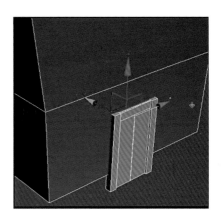

图4-95

如图4-96所示，将大门制作出半开的状态。

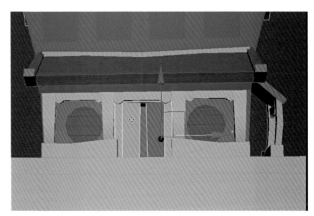

图4-96

如图4-97所示，在侧面创建一个Box。继续制作侧面的结构，如图4-98所示。

图4-97

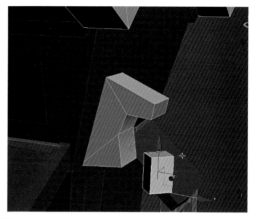

图4-100

如图4-101所示,继续完成灯笼的模型制作。

图4-98

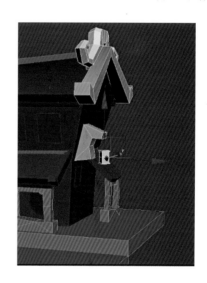

图4-101

如图4-99所示,添加侧面的窗框结构。

如图4-102所示,复制灯笼模型并旋转,让灯笼看起来更生动。

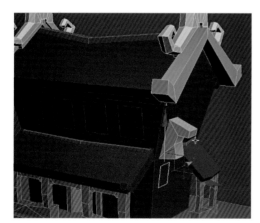

图4-99

如图4-100所示,创建一个Box并旋转到45°角。

图4-102

如图4-103所示，创建一个三角体用来制作穿灯笼的绳子。

图4-103

如图4-104所示，将绳子调整到合适的位置。

图4-104

如图4-105所示，复制绳子并调整每条绳子的状态。

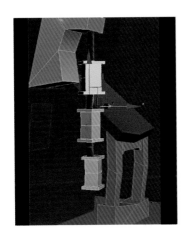

图4-105

如图4-106所示，继续制作窗框结构。

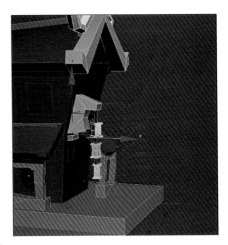

图4-106

如图4-107所示，将镜像灯笼移到房屋的另一边。

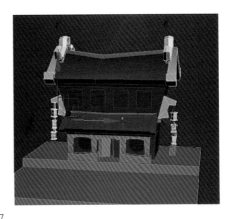

图4-107

如图4-108所示，完成房屋后面的结构制作。这里的结构原画中并没有表现出来，需要自己发挥想象。

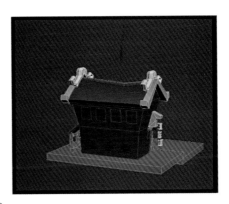

图4-108

如图4-109所示，房屋的细节结构添加完成。

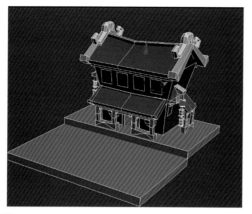

图4-109

下面继续添加场景中的道具制作。

如图4-110、图4-111所示，创建Box并加中线，移动中线完成一个类似屋顶的结构。

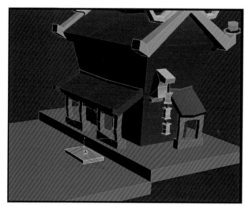

图4-110

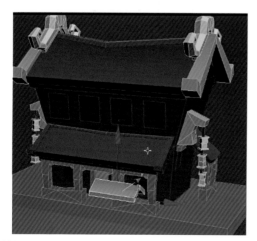

图4-111

如图4-112所示，添加一条线段并调整。

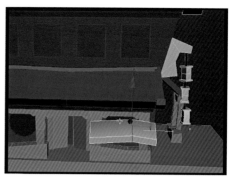

图4-112

如图4-113所示，在结构顶部加一个横梁结构。

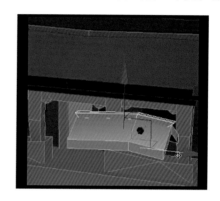

图4-113

如图4-114所示，在横梁的两侧添加凸起的结构。

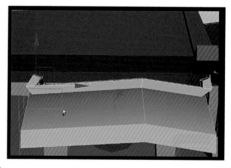

图4-114

如图4-115所示，继续完成驿站招牌的主体制作。

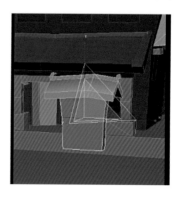

图4-115

如图4-116、图4-117所示，通过创建Box调整结构完成图中的效果。

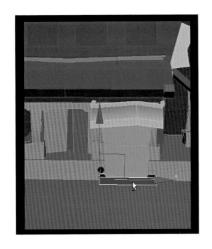

图4-116

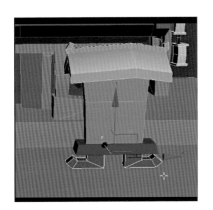

图4-117

如图4-118所示，添加布条的模型。将布条模型制作得更生动一些，添加线段调整结构，如图4-119所示。

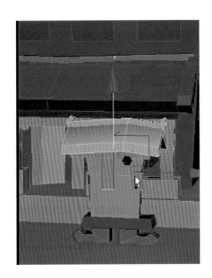

图4-118

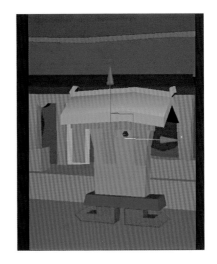

图4-119

如图4-120所示，复制招牌到另外一边。

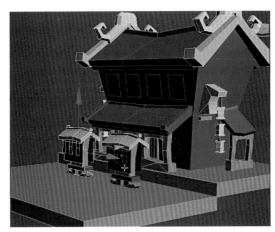

图4-120

如图4-121所示，添加门前的装饰布条。

图4-121

如图4-122所示，完成门前的布条装饰制作，并透明显示。

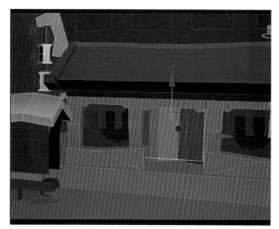

图4-122

继续完成场景的道具制作，如图4-123所示。

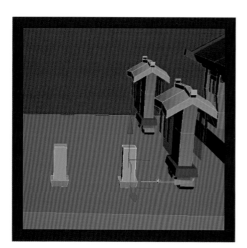

图4-123

如图4-124所示，道具最终效果完成。

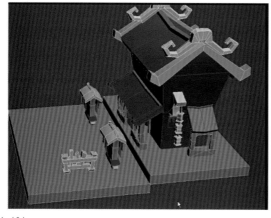

图4-124

复制道具到另外一边，并调整整个场景的比例。如图4-125所示。

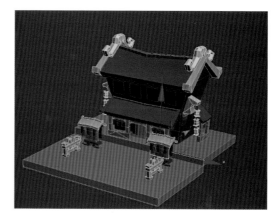

图4-125

三、游戏场景植物搭建

场景制作包括建筑、道具以及植物等。场景中的植物主要是用来烘托场景的氛围，学习制作植物也是场景制作中一个重要的环节。

如图4-126所示，创建一个圆柱体用来制作树的主干枝。

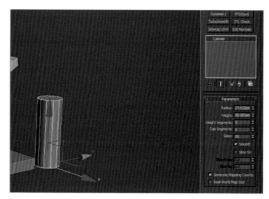

图4-126

如图4-127所示，删除树干的顶面。

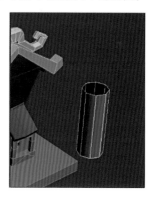

图4-127

如图4-128、图4-129所示，继续制作树干的结构。

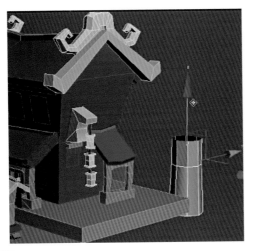

图4-128

图4-131

如图4-132所示，从侧面多去观察树干的整体形态。

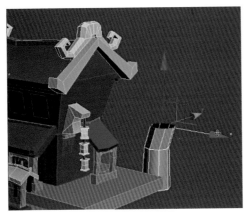

图4-129

图4-132

如图4-130、图4-131所示，继续制作树干，注意调整树干的方向，尽量表现得生动一些。

如图4-133所示，继续添加树干的枝杈部分。

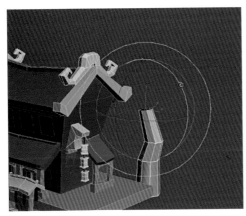

图4-130

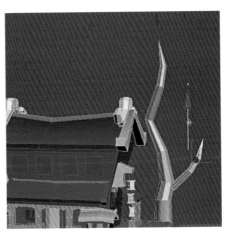

图4-133

如图4-134所示，完成树干的制作。

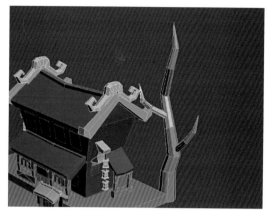

图4-134

如图4-135、图4-136所示，添加树叶模型。制作树叶的时候不需要一片一片叶子地制作，这样太浪费模型了，只需要一层一层地制作，意思就是在这一面模型上画出一个组合的树叶。

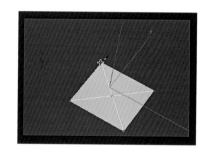

图4-135

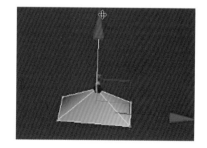

图4-136

如图4-137所示，树叶需要制作两层的效果，一层亮面一层暗面。

图4-137

如图4-138所示，复制树木到房屋的另一侧，并旋转一个不同的角度。

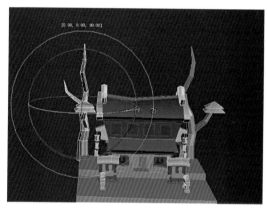

图4-138

如图4-139所示，整体模型完成。

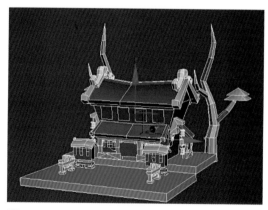

图4-139

第三节 游戏场景UV拆分摆放

UV是模型表面的纹理信息，在创建模型的时候，UV就是存在的，但随着模型的制作，UV会变形扭曲。所以需要做的，就是把纷乱的UV整理好，然后才能在上面绘画，就像将一张揉成团的纸展平一样，如果没有展平，那么在上面画的任何东西，都会有拉伸。当然有些模型的结构特殊，很难做到完全没有一点拉伸，只要尽量保证视觉上没有明显拉伸，就算是合格的UV。

一、游戏场景UV拆分

网游卡通场景在展UV的时候为了方便快捷，在展UV之前会把贴图上可以对称的模型部分删掉一半，只需要展一半就可以，因为另外一半和这一半是完全一样的，只需要在展好后对称复制过来就可以了。如图4-140所示，已经把可以共用的模型删掉了。

部分、房梁部分都可以做成二方连续贴图，底面可以做成四方连续贴图，前面的小物件、窗户、灯笼等可以做成定制贴图。因为四方连续是没有办法和其他的贴图放在一个UV里的，所以在这里的地面单独分一张UV。在一个UV里可以放多张二方连续贴图，前提是UV的摆放方向需要一致，即所有二方连续都是横向摆放或都是纵向摆放，不能有横向有纵向，并且在二方连续贴图中也可以摆放定制贴图。在确定好如何分配之后就需要把同一张UV里面的模型Attach在一起，方便UV的制作，如图4-141所示。地面是单独的一个元素，所有黄色的小物件包括门窗Attach在一起，放一张UV里做一张定制贴图，所有选中的紫色部分是一张透贴加二方连续贴图，紫色模型瓦片和瓦片上方的房梁部分是一张二方连续贴图，最后剩余紫色模型中的房子主体是一张二方连续贴图。

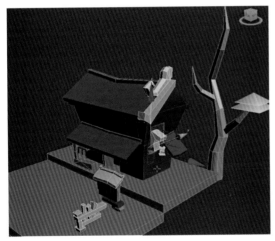

图4-140

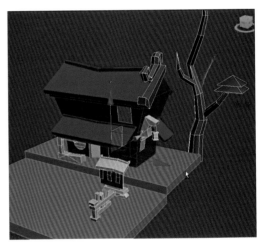

图4-141

像这样的场景，物件比较多，为了保证贴图的精度，可以把它分为多张贴图来制作。贴图可以按照场景的元素来分配，也可以按照贴图的类型来分配。按照场景元素，就是场景中的相同或类似元素可以放在一张图上，比如木头和木头的放一起，金属和金属的放一起，这样分配起来画贴图的时候会比较方便。按照贴图类型来分配，就是按照二方连续、四方连续定制贴图这样的类型来分配。例如本案例，房子的瓦片

接下来打开UV编辑器，如图4-142所示。在Modify菜单栏的下拉菜单中找到Unwrap UVW，点进去后会出现编辑的菜单栏，如图4-143所示。点击"Open UV Editor…"按钮就会打开UV编辑框，如图4-144所示。

做完上面的一系列动作后，会发现在模型上出现了绿色的线，这就是UV的边界线。基本上这种绿色的线都是在UV上被剪开的线。

图4—142

图4—143

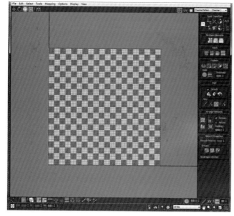

图4—144

下面开始分UV，地面的UV非常简单，因为是四方连续，在UV编辑框中选择面，然后键盘上接Ctrl+A全选，UV框里的UV就会全部被选中，如图4—145所示。接下来找到Mapping点击会出现一个下拉菜单，选择Flatten Mapping，如图4—146所示，UV就会自动切开并展平，如图4—147所示。这样这张四方连续的UV就分完了，为什么不需要去摆放和缩放大小，是因为可以在后期贴图画好之后再去统一摆放这张四方连续的UV。

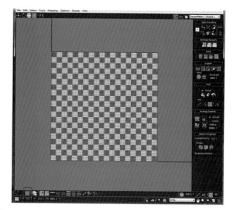

图4—145

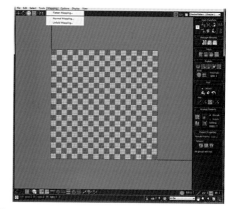

图4—146

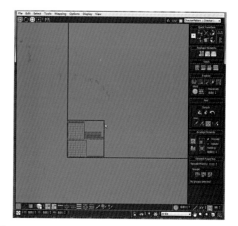

图4—147

接下来分屋顶的部分，之前说屋顶的瓦片是做二方连续的贴图，同样打开UV编辑器，打开之后选择面，键盘上Ctrl+A全选，之后点击Quick Planar Map，如图4-148所示，这样原本混乱的UV就会被分成几份，如图4-149所示。

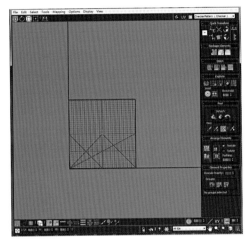

图4-148

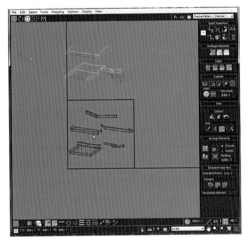

图4-149

UV分成几块之后需要把UV展开，让它没有拉伸。点击UV编辑器中的Quick Peel，如图4-150所示，把UV展开，然后手动放在框里，因为屋顶的部分是做的二方连续，所以UV可以重叠，如图4-151所示。具体的UV大小贴图画完了之后再去调整也可以。

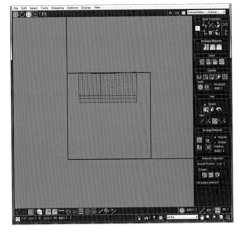

图4-150

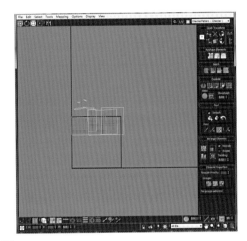

图4-151

接下来是瓦片下面的那层UV，一样做二方连续，把它展平放在刚刚的屋顶UV下面，如图4-152所示。剩下的房梁部分也一样地做成二方连续，UV展平放在最下面，如图4-153所示。UV先这样大概摆放，等后期贴图画好后再用UV去对照贴图摆放。

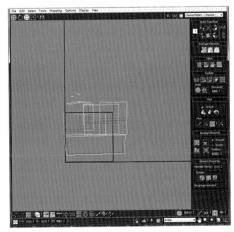

图4-152

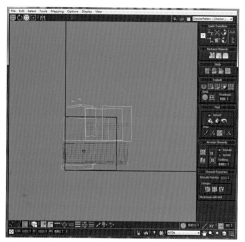

图4-153

接下来还有一张二方连续的UV要展，就是房子的主体部分。因为这个主体部分面积比较大，所以主体部分的UV决定给一整张，不和其他的UV合用。为了不浪费UV空间，这张贴图为512大小，其他的贴图都为1024大小。因为是一整张，现在就点击Quick Planar Map把UV先展平就可以，如图4-154所示。具体如何摆放，在贴图画好后再移动。

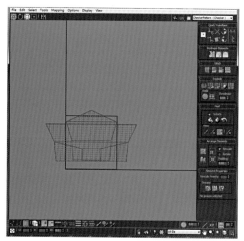

图4-154

房子主体的UV结束之后，来分前面的小栅栏、门窗等一些零碎的小物件。这些小物件就需要用到定制贴图，定制贴图需要把UV展平，平整地放在UV框里。首先分UV之前把这些需要分配的物体都合并在一起，成为一个物体，然后进入UV编辑器，按键盘上Ctrl+A全选，选中所有UV，然后点击Quick Planar Map拍平，拍平后的效果如图4-155所示。

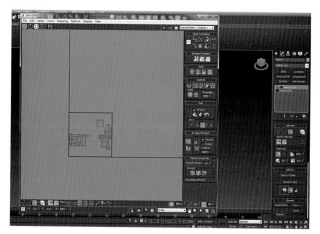

图4-155

拍平后，就一个物体一个物体地手动来分一下。先把所有的UV移出框外面，选中其中一个开始分配，先选中一个长方体，这个模型只需要选中其中一条线在UV编辑器中单击右键，点击Break断开，如图4-156所示，再点击Quick Peel展开，如图4-157所示。

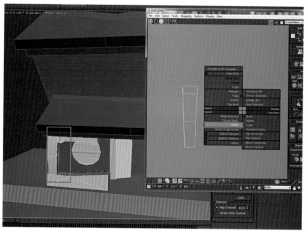

图4-156

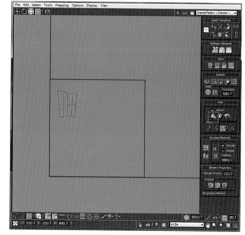

图4-157

接着往后分，还是一个Box，因为这个Box的底面已经被删掉了，所以只需要把四个边缘切开展平，步骤跟上面一个是一样的，如图4-158所示。点击Quick Peel后的效果如图4-159所示。

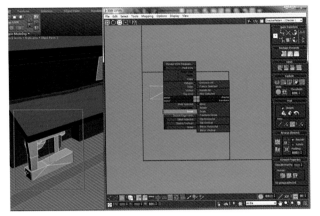

图4-158

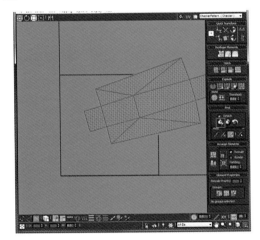

图4-159

因为一些看不见的面已经被删除了，所以有些就不需要再在UV上切线了，直接点击Quick Peel展开就可以了，如图4-160所示。

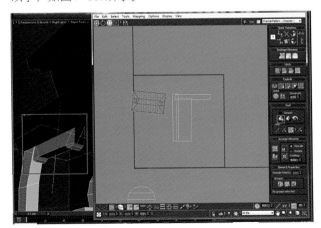

图4-160

有很多类似的都是一样，直接点击Quick Peel展开就可以了，如果展不开的就看还有没有可以断开的地方，没有断开的话，剪开就可以了。UV选中其中一个面，点击键盘上的"+"键可以加选，这样就可以选中一块完整的UV。

Break不仅可以在线的级别上断开，也可以在面的级别上断开，如下图的这个模型，就可以把两边的面断开，再把侧面展平，如图4-161所示。断开后如图4-162所示。

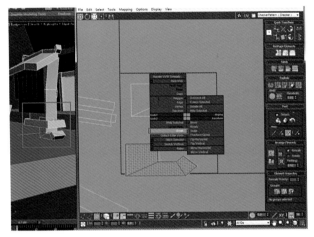

图4-161

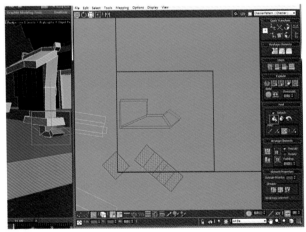

图4-162

所有的UV都是一样的方法展开，展开后UV的大小可能会不统一，这就会造成后期贴图精度不统一，所以需要给UV匹配精度，如图4-163所示，选中所有的UV，在Tools下找到Pack UVs匹配UV大小并自动放在UV框里。效果如图4-164所示。

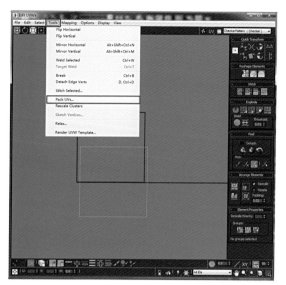

图4—163

图4—165

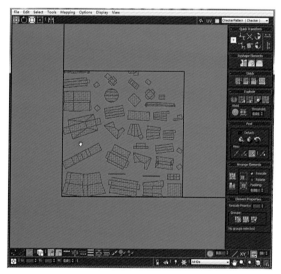

图4—164

图4—166

UV展开之后需要手动摆放在UV框里，不能用自动放的版本，因为自动的版本没有最大化地利用到UV框，会导致贴图不够精准。

摆放时可以把临近的物体摆放在一起，把可以打直的都打直。在摆放之前可以在模型上面贴上一张棋盘格来观察比例和UV的拉伸，打开材质球，在材质球中选择棋盘格，如图4—165所示。贴上之后把Tiling的数值调到50来增加棋盘格的精度，如图4—166所示。

点开材质球显示按钮，模型上就会出现很多小黑白格，如图4—167所示。格子的大小差不多就说明UV的精度差不多。

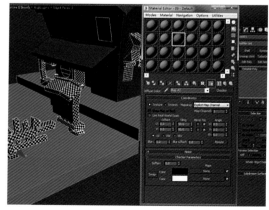

图4—167

摆放之前可以先整体放大一点，然后移出UV框，逐个往UV框里放，如图4—168所示，放好了要把能打直的都打直，如图4—169所示。

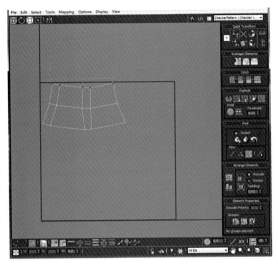

图4—168

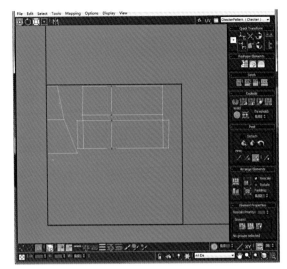

图4—170

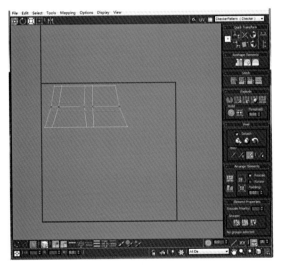

图4—169

图4—169中的打直是横向打直，纵向的线可以打直的也需要打直，如图4—170所示。之前展开的所有UV要全部都摆放进UV框里面，打直并排列整齐，打直的时候要看下模型的棋盘格，不能有太大的拉伸，如果拉伸比较严重就不需要打直。UV在摆放时，尽量把相邻的物体摆放在一起，方便画贴图，如图4—171所示。

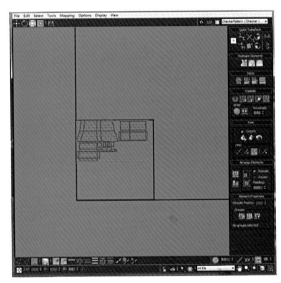

图4—171

二、游戏场景UV摆放

摆放时UV可以根据空间的大小进行旋转。摆放时一般会先摆放大面积的，小的UV可以摆放在缝隙中。

全部放进去之后，会有一些小的调整，比如图4—172中，小的方框放在那里就会比较占UV空间，所以可以把这个小方框断开先放在旁边，然后再把所有的UV间距都调整得差不多，如图4—173所示，整体再排列整齐一些，UV之间不要有穿插。

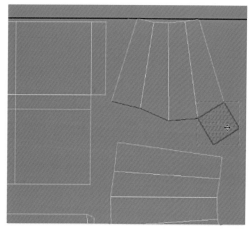

图4—172

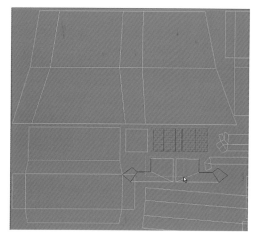

图4—173

接下来的UV都是一样的摆放方法，UV与UV之间不要离得太远，尽量最大化利用UV空间，如图4—173所示。最终的效果如图4—174所示。分好之后观察一下模型的棋盘格，大小基本差不多就可以，如图4—175所示，这样这张UV就分完了。

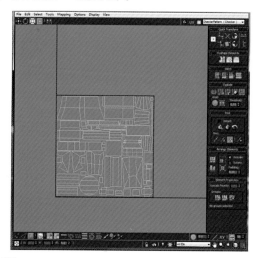

图4—174

图4—175

还剩下最后一部分的UV就是树，分一张二方连续加定制贴图的UV。

第一步选中需要分配的模型，打开UV编辑器，键盘上按Ctrl+A全选，选中所有UV，然后点击Quick Planar Map拍平，拍平后的效果如图4—176所示。如图4—177所示的部分是房子主体上的门的位置，因为没有什么细节而且是个暗面，所以UV占的位置可以比别的地方稍微小一点，展好后先放在一边。

基本上这部分模型中多数是片，直接Quick Peel展开，包括树叶的部分也是直接Quick Peel展开。房顶的一部分要稍微Break断开一下再Quick Peel展开。剩下的就是树干的部分，树干的部分基本可以理解为一个圆柱，从中间找一条线切开，选中其中一根线，点击Loop UV就可以环选一圈，如图4—178所示。然后右键Break断开，再点击Quick Peel展开就可以了，如图4—179所示。

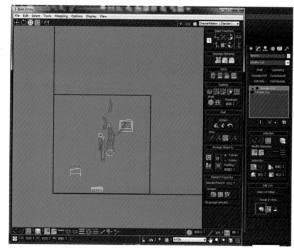

图4—176

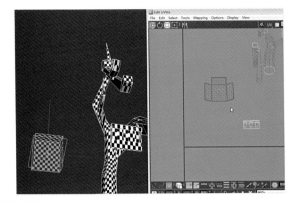

图4-177

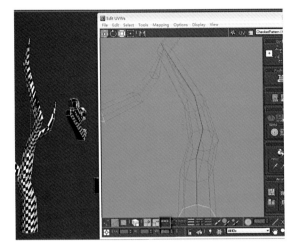

图4-178

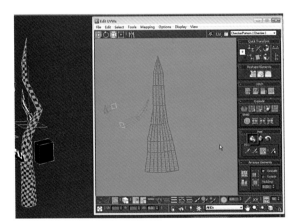

图4-179

其他的小树权也是一样的分法，分好了之后要匹配一下UV大小，在Tools下找到Pack UVs匹配UV大小并自动放在UV框里。

开始手动摆放UV，摆放前可以把之前说的门的部分缩小一点，然后整体放大一些再摆放。

树枝的部分要做一个二方连续，所以先放树枝的位

置，怎么摆放无所谓，只要在这一条横向的UV中就可以，先把所有的UV放进来，如图4-180所示。摆好后再来摆放剩下的UV，基本上都是定制贴图的部分，需要逐个手动放好位置，把需要打直的打直。最终的摆放效果如图4-181所示。

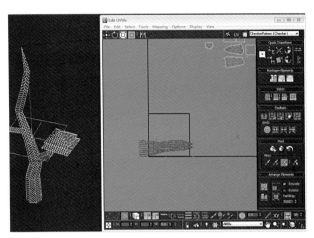

图4-180

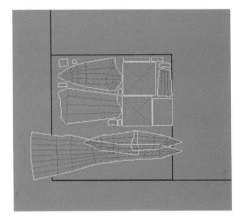

图4-181

到这为止模型的UV基本都展开了，但是之前有几张二方连续和四方连续的贴图，只是大概摆放了一下位置，有些可能并没有展开，现在去整理一下。

打开之前分的屋顶的UV，把每块UV都Quick Peel展开，屋顶的部分是有顶面和底面的，因为底面不太容易看得见，所以可以把底面和顶面叠放在一起，如图4-182所示。摆放好之后把该打直的线打直，打直的时候长按打直工具选择下面的一个，可以分别打直每条线，如图4-183所示。

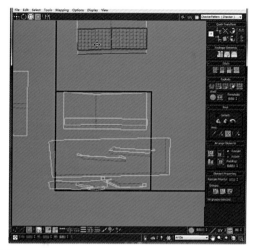

图4-182

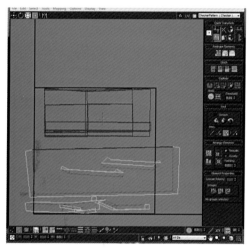

图4-183

竖着的线也一样打直,如图4-184所示。如图4-185所示,红线的部分要对齐,因为红线上下的部分画的是不一样的。其他部分的屋顶是一样的方法,放在同样屋顶的UV部分就好了。

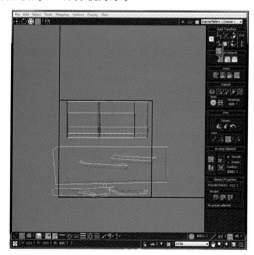

图4-184

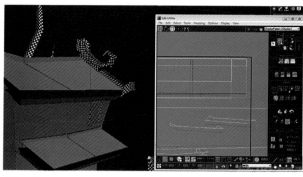

图4-185

屋顶下面还有一部分,展开放在刚刚的那部分下面再打直,如图4-186所示。剩下的一些也是一样展开,打直放在相同的UV位置上,把结构转折的位置也对齐。最终效果如图4-187所示。

到这里这个场景的UV就结束了。

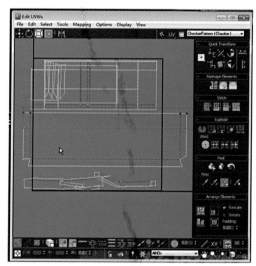

图4-186

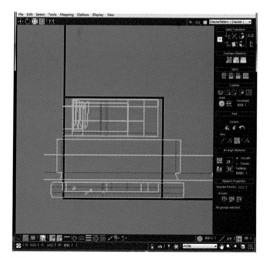

图4-187

第四节　游戏场景贴图绘制

一、游戏场景固有色绘制

绘制贴图的第一步是先把所有物件的固有色填上，把之前导出的模型obj文件导入BodyPaint。

之前导出了5个obj文件，导入的时候第一个文件可以直接拖拽进BodyPaint的场景里面，导入第二个文件的时候就不能直接拖拽了，需要点击菜单栏File选择Merge合并进来，如图4-188所示。把5个文件分别导入场景，导入之后会在右边的面板中看到一个Objects，里面会显示导入进来的所有模型，第一栏是模型的名称，第二栏里面有两个小圆点，双击第一个圆点，圆点变成红色，就可以隐藏这个模型，如图4-189所示。

模型导完之后，把贴图也全部导入进来。直接把贴图拖进右边的Materials栏里面，可以先把其他模型隐藏起来，只显示导入贴图的模型，这样在贴材质的时候不容易混乱，如图4-190所示。按照同样的办法依次把5张图全部导入，导入之后，在选项中选择Layer Manager（expanded/compact）扩展选项，如图4-191所示。

图4-188

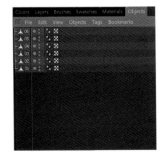

图4-189

图4-190

图4-191

选项改好之后，把材质球赋予相对应的模型，把材质球后面的■点击成笔刷，如图4-192所示。

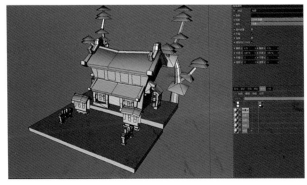

图4-192

接下来就可以开始画固有色了，打开下面的图层，新建一层，不要在UV线框的那层或者底色层进行绘制，在图层上右键选择New Layer新建图层，如图4-193所示。每一个材质球下面的层级里面都要新建一层，绘制方法相同。新建图层后，可以调整UV线框层的透明度，在画图过程中不受线框的影响，如图4-194所示，图中百分比的位置就是调节贴图透明度的。

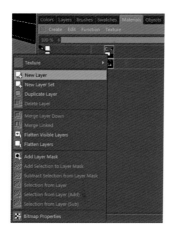

图4-193

图4-194

所有图层都调好之后，打开模型的自发光，如图4-195所示，这样显示的贴图颜色才是正确的。可以打开一个Texture窗口，把原画拖进来，这样在画图的时候可以吸原画的颜色，如图4-196所示。

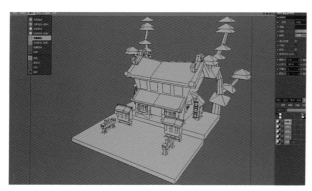

图4-195

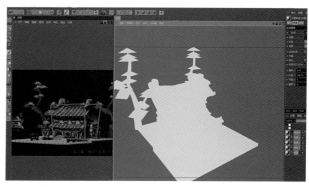

图4-196

可以设置一下笔刷的快捷键，在左边工具栏空白处右键单击，选择Command Manager，会出现一个设置的对话框。在Name Filter里面填brush，下面就会出现笔刷的选项，选择之后，在Shortcut里填B，点击Assign就把笔刷的快捷键设置成了B，如图4-197所示。同样的方法也可以设置橡皮为E，如图4-198所示。

图4-197

图4-198

设置好之后，在绘制的过程中使用起来会比较方便。现在可以铺固有色了，选择模型所在的图层，吸原画上的颜色，先铺一层固有色，如图4-199所示。在模型上可能有些不太容易画到的地方，可以在贴图里面画，在Texture窗口里面Text下面选择所画图层，就会显示这层的图片，如图4-200所示。可以直接在这一层上进行修改。

图4-199

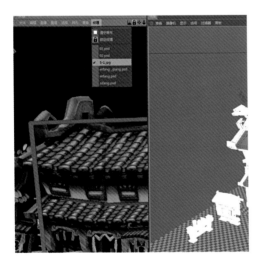

图4-200

第一个屋顶的固有色铺完后，接着画第二张贴图。画第二张就选择第二个材质球里面的图层，图层一定要分清楚。同样选择好每样物件的颜色，开始铺颜色。有些不好画的地方一样可以进入Texture里面画，有些规则的地方可以用套索工具来帮助，如图4-201所示。

图4-201

后面的固有色都是一样的，按照上面的方法一次铺好，要注意材质球和模型是一一对应的。固有色的颜色要找准，可以通过吸原画的颜色再调整的方法来确定固有色。有些不方便画到的地方，可以隐藏模型来画，也可以在贴图窗口来画，可以通过选取来固定所需要的区域，选取用完要记得关掉。

固有色铺完之后可以把贴图贴进3ds Max先看下效果。先在BodyPaint里面保存一下之前做的文件，直接按Ctrl+S保存就可以，保存之后贴图也会跟着保存。接下来就打开3ds Max，打开材质球，如图4-202所示。把材质球调成显示比较多的面板，在材质球上点击右键，选择6×4 Sample Windows，如图4-203所示。

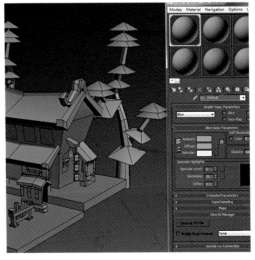

图4-202

图4-203

它会显示出24个材质球。可以根据之前模型和贴图的名字来命名材质球,贴在一一对应的材质球上。如图4-204所示,点击红箭头所指的方块,会出现一个选择框,如图4-205所示,这里选择Bitmap,然后选择贴图路径打开贴图。

图4-204

图4-205

贴图贴在材质球上之后,如图4-206所示,点击按钮把材质球赋予相对应的模型,再点击显示按钮,如图4-207所示,贴图就会显示在模型上了。

图4-206

图4-207

贴图只能贴在相对应的模型上,而不是整体模型一起贴。每张贴图都是一个单独的材质球,所以在本案例中应该会有5个材质球,如图4-208所示。

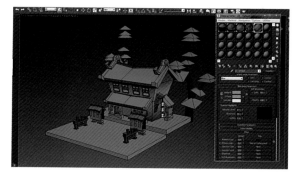

图4-208

贴图都贴好之后，选中所有模型点击右键，选择Object Properties，如图4-209所示，之后勾选Vertex Channel Display改成无光模式，如图4-210所示，这是贴图显示的最终效果。

图4-209

图4-210

固有色填完后，需要绘制贴图的光影，画光影的时候新建一个图层，在画的过程中多新建几个图层方便之后的修改，不要只在一个图层上从头画到尾。

注意画屋顶部分的光影时，屋顶的下半部分应该是亮一些的，上半部分会暗一些。画的时候在Texture里面用选取线框出屋顶的部分，这样画的时候就不会影响到其他地方，如图4-211所示。

画的时候把饱和度稍微调高一点，因为图形比较偏卡通，要画出渐变的感觉，过渡要自然。底面一些不受光的面要暗一些，小屋顶的部分画法也是一样的，如图4-212所示。明暗关系确定之后就可以先画下一个，需要看整体的效果再一起调整。

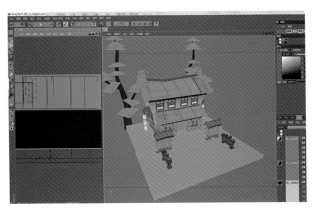

图4-211

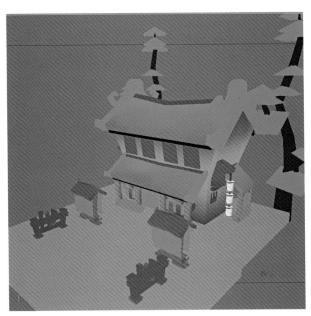

图4-212

如图4-213所示，保存贴图信息，导入3ds Max中观察效果。

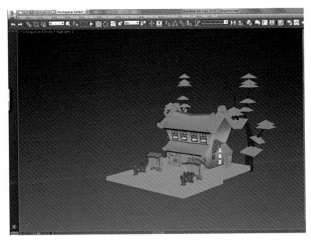

图4-213

二、游戏场景体积结构绘制

画的时候可以打开线框,跟着模型的结构来画。这步主要是画出瓦片的结构,所以瓦片上的小破损暂时先不用管。

首先勾出瓦片的形状、排布方式。如图4-214所示。

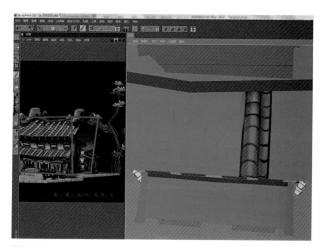

图4-216

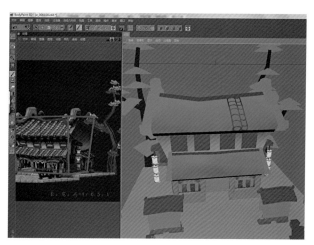

图4-214

如图4-215所示,先完成一排瓦片的整体明暗绘制,要将瓦片的凸起和凹陷的效果表现出来。

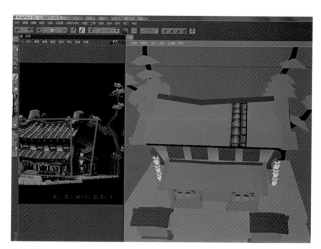

图4-217

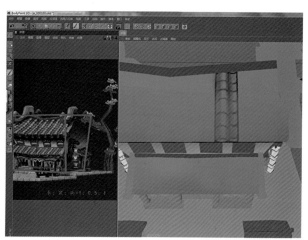

图4-215

画出明暗效果后,继续绘制瓦片的材质效果,先完成一到两片的效果。如图4-216所示。

如图4-217所示,完成一排瓦片的材质效果,整体观察效果后再将这一排瓦片复制到整个屋顶上。如图4-218所示。

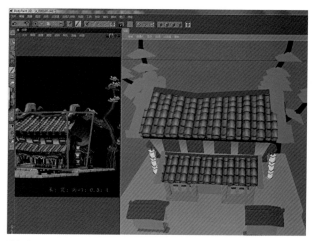

图4-218

调整瓦片的色彩对比度以及饱和度,让整个瓦片的效果更加清晰,风格更卡通一些。如图4-219所示。

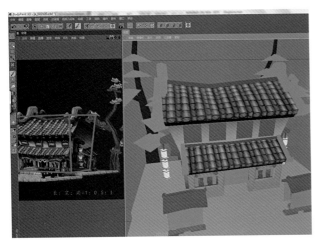

图4-219

最后，在瓦片上加一些灰尘的效果，让整个房屋看起来更自然更贴合，有生活气息。运用自带的一些效果笔刷进行绘制，如图4-220所示。

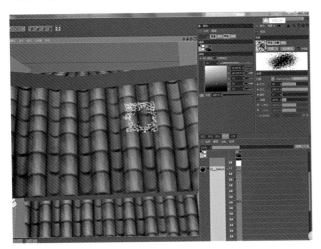

图4-220

如图4-221所示，下面继续绘制窗户的结构。用同样的线绘制出窗框的结构。

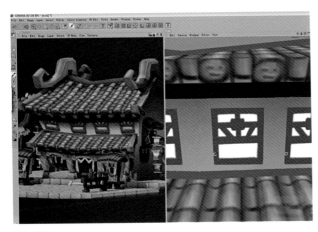

图4-221

如图4-222所示，将窗框的明暗结构绘制出来。

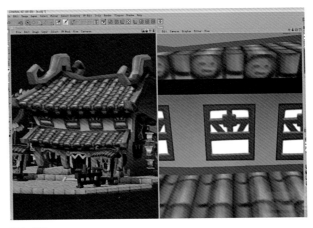

图4-222

继续绘制窗户纸的明暗效果，如图4-223所示。

图4-223

如图4-224所示，在木头的窗框上用笔刷添加一些木头老化的痕迹，让场景增添一些生活气息。

图4-224

如图4-225、图4-226所示，继续用同样的方法绘制场景中的其他物体。

图4-225

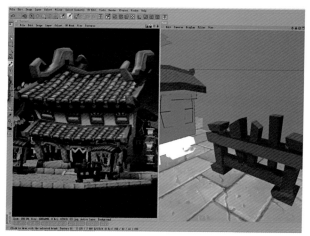

图4-226

后面需要进一步完善的就是贴图中的结构，如图4-227所示。

图4-227

贴图的绘画过程基本就是以上这些，先是铺固有色，把固有色铺好之后，开始画整个场景的光影关系，通常情况下是上面亮、下面暗。场景中整体的光影关系画好之后，就是处理每个小物件之间的光影关系，通过光影来表现出物体与物体之间的叠加关系，之后开始画一些小的破损、剥落、磕碰、丰富贴图的细节。画的是卡通的场景，在颜色的运用上可以将饱和度调高一些，让整体的色调明亮。绘制贴图的过程中，尽量不要使用纯黑色，很暗的地方使用纯黑会让画面不透气，不好看。画的时候还要注意不同材质的反光度是不一样的，金属一定会比木头亮，反光也会比木头亮，所以在画的时候要考虑好所画物件的材质、受光信息等。

画的过程中某一个软件不能完全满足要求，可以交替使用Photoshop和BodyPaint，运用软件中的一些特殊功能来帮助完成贴图的绘制。

第五章　游戏次世代美术制作

第五章　游戏次世代美术制作

第一节　简述次世代的定义及效果

一、次世代的效果图片欣赏以及分析

什么是次世代呢？这个名词来自日本，从字面意思上来看，是下一代的意思，一般主要指的是游戏主机。比如，PS2相对于PS1，即为次世代，而PS3相对于PS2，也是次世代。那么游戏制作中所说的次世代又是什么意思呢？在这一代（即PS3，XBox360平台）有了更多的

意义，这就是法线贴图等新型贴图的出现，完全改革了以前三维游戏美术制作的流程和方法，产出了全新的制作方法。其对游戏开发的意义，远大于以往简单地提升模型面数与贴图尺寸。

次世代的游戏画面标准必须具备以下五大基本要点，如图5-1～图5-3所示。

图5-1　次世代游戏完成品效果图

图5-2　次世代游戏完成品效果图

图5-3　次世代游戏完成品效果图

1.实现实时环境光散射、实时光线追踪、动态毛发技术。

2.次世代天气标准：支持实时动态天气效果。

3.次世代画面标准：支持裸眼3D、DX12（PC），1080分辨率与60FPS（家用游戏主机）。

4.次世代玩法标准：全面支持体感、动作捕捉技术。

5.次世代音效标准：支持TrueAudio等音频技术。

二、次世代和手绘制作的区别

次世代道具通俗来说，就是使用高模套低模，通过法线烘焙贴图的方式，使低模得到高模的细节。也许你玩的游戏模型和网游一样，但是你所看到的纹理和皮肤、头发等很多细节，法线贴图可以根据你观察的角度产生适合的光影信息，实际上只是一张贴图。次世代模型都比网游要高很多，现在这个意义有点模糊，有的网游也用次世代技术。具体是漫反射贴图、高光贴图、法线贴图，3张贴图让角色更加真实。次世代一般是国外的公司生产，多是单机游戏和一些大作，国内类似英佩、育碧、无极黑都是做次世代的。网游考虑普及性所以不会出，因为考虑广大机器配置是否能带得动，于是就衍生出次世代网游。

手绘道具是把所有的效果通过一张贴图画出来，而且无论是贴图精度还是模型精度都比次世代差很多，当然机器要求也很低。次世代多是个人单机操纵，可以把贴图模型做成高精度，所以对配置要求也较高。

三、次世代中的名词解释

一般所说的次世代游戏是指用法线贴图等新技术和全新制作方法制作出的游戏。那么法线贴图等名词又是什么意思？次世代游戏又是如何制作的？接下来将逐一进行说明。

Normal Map:法线贴图，次世代游戏美术制作的基础，是沿着物体法线方向进行凹凸计算的一种贴图技术。当沿着法线方向进行观看的时候，能够呈现相当逼真的凹凸效果，从而只用几千面的模型，就能呈现出接近百万面的效果。如图5-4所示为法线贴图。

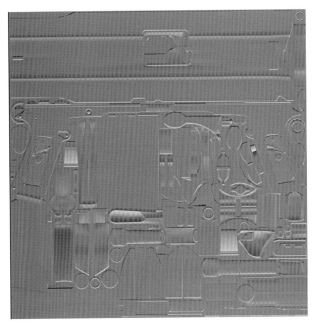

图5-4

Diffuse Map:漫反射贴图，为表现物体本身的色彩、纹理信息的贴图。是物体不受到阴影、强光等影响的固有颜色贴图，即物体在白色漫射光情况下的色彩。如图5-5所示为漫反射贴图。

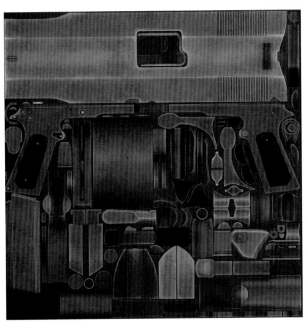

图5-5

Specular Map:高光贴图，即表现物体表面反光信息的贴图，包含高光强度和高光色彩两种属性。高光强度为表现物体反光的强弱，高光色彩为反光的颜色。高光贴图是次世代游戏表现质感的重要贴图，如图5-6所示为高光贴图。

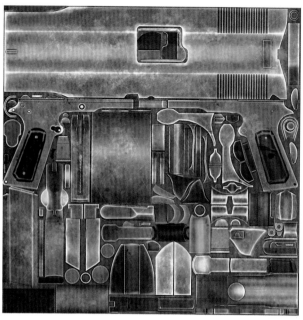

图5-6

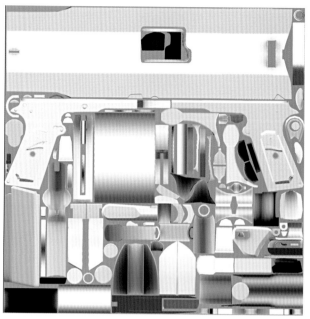

图5-7

Ambient Occlusion Map：简称AO或者OCC贴图，是表现物体之间阴影关系的贴图，用于辅助制作Diffuse Map和Specular Map，通常不会单独使用。如图5-7所示为AO贴图。

除了上述常用的几种次世代贴图类型外，还有一些

不太常用的贴图。

Opacity Map：透明贴图，通过黑、白、灰色表现物体的透明信息，通常用于制作树叶、玻璃等透明的物体。

Emissive Map：自发光贴图，是表现物体发光信息的贴图，通常用于制作发光物体，如灯泡等。

除了解贴图类型外，接下来再了解一些其他方面的

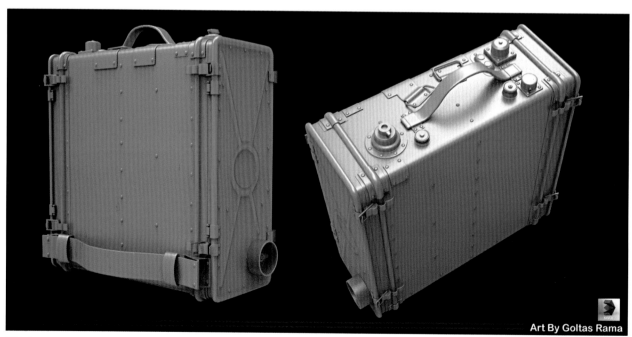

Art By Goltas Rama

图5-8

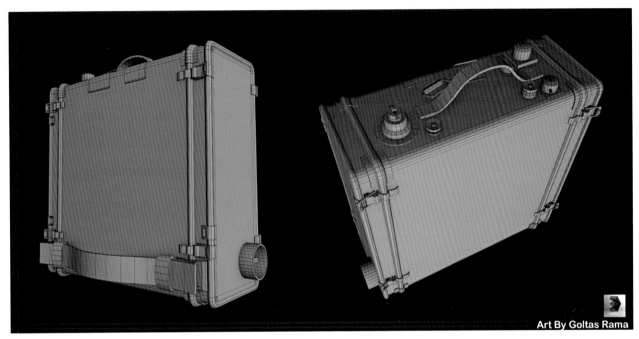

Art By Goltas Rama

图5-9

知识。

模型面数：是指游戏模型中三角形面的数量。因为三维游戏需要考虑到用户的电脑性能或者是游戏机的性能，所以都会对游戏模型进行面数的限制。比如，限制3000面，即要求模型中的三角形面数大概为3000左右。

高模：指高面数的模型，没有任何面数限制，用于表现作品更多的细节，尽可能地增强模型的品质，让作品看上去更加丰富。如图5-8所示为游戏模型高模。

低模：指低面数的模型，是游戏中用户实际会看的模型。为了保证游戏的流畅，会有一定的面数限制，需要用尽量精简的面数，尽可能体现较为丰富的模型外轮廓。如图5-9所示为游戏模型的低模。

UV：意思是贴图坐标，指的是把三维模型的坐标信息映在平面上，为贴图绘制做准备。

模型烘焙：次世代游戏制作的基础技术，指的是把高模的丰富细节通过贴图的方式，烘焙到低模上，从而使低模拥有接近高模的游戏效果。

贴图尺寸：指的是贴图的像素尺寸，通常为128、256、512、1024、2048等大小。尺寸一般为正方形，如512×512、1024×1024等，贴图尺寸越大，制作的贴图越精细，同时对电脑配置的要求也越高。

贴图数量：指一个游戏模型使用的贴图数量。对于次世代游戏来说，如果要求1张2048大小贴图，通常是说Diffuse Map、Specular Map、Normal Map各一张。也就是实际上是3张或者更多的2048×2048大小的贴图，而并非只有一张。如果没有特殊说明，要求2048默认为2048×2048大小的正方形贴图。

第二节　次世代高模制作

一、原画分析

拿到一张原画时，首先需要对这张原画进行分析。如果用的原画是自己设计的，就能领悟得比较透彻。但是通常在项目中拿到的原画都是别人设计的，这就需要充分领会设计师的意图。所以不要一看到图就立刻开始制作，而是要先拿出一些时间，对这张图进行仔细分析和思考，再进行制作，这样才能做出符合设计师意图和风格的作品，对整体的制作效果有很大的帮助，可以少走弯路。那如何分析一张游戏原画，步骤如下。

1.感觉原画。拿到一张效果图后,首先要看的是这张图带来的整体感觉。这个很重要,整体风格不一样,细节再怎么刻画也没有意义,所以一定要先从整体入手。另外,原画通常画得比较笼统,需要自行设计并添加一些细节。这些细节,也要在了解作品风格的基础上再进行添加,否则,添加的细节就会和作品整体风格不相符。如图5-10所示为制作高模的原画。

图5-10

2.分析整体结构。在了解原画整体风格之后,思考一下原画的整体比例结构。要制作符合设计意图的模型,掌握模型的比例结构。如图5-11所示为原图结构分析图。

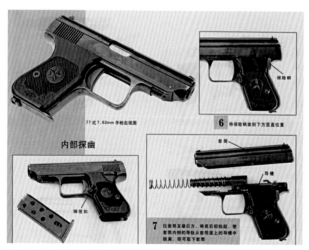

图5-11　原图结构分析图

3.思考复杂结构的制作方法。做到对结构比例心中有数之后,还要思考一些复杂结构的制作方法。例如,枪架和枪身直接衔接部分看起来比较复杂,那么怎么做出来效果比较好呢?在制作之前,仔细思考一下制作的方法,有几种办法可以制作、哪种会比较简单、怎样做效果会比较好等。

遇到不好确定的复杂结构,可以先尝试在3ds Max中简单做一下。这样对所有复杂的结构,都能找到一种最合适的制作方法,再开始制作,工作效率会比较高,模型的质量也会比较好。要是等做到中途或者全部做完了,才发现用某种方法做会更好,也来不及了。

二、制作大体比例的中模

前面已经讲过如何分析原画,按照先前的分析方法,先看武器的大体结构,然后制作一个初始模型。

设置模型原画背景。很多时候为了模型制作方便快捷以及准确度更高,在3ds Max中制作模型时会把原画放到背景上当作参考,当然这种制作方法比较适用于原画是正交视图,或者是相对比较简单的模型。首先打开原画,单击右键点击属性,如图5-12所示,在第三项详细信息里面查看图片尺寸大小,如图5-13所示,确定原画图片大小,当然一些看图软件也可以直接在图片最上端显示出图像的像素大小。

图5-12

图5-13

在3ds Max右边属性面板中点击创建按钮，选择第一个基本几何体，单击里面的面片，如图5-14所示，然后在前视图中创建一个面片，如图5-15所示，并调整面片的长宽以及分段数，如图5-16所示。

图5-14

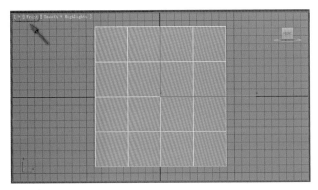

图5-15

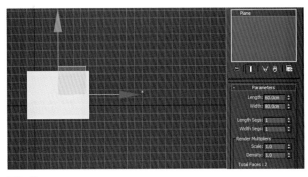

图5-16

接下来把背景图片拖拽到创建的面片上，如图5-17所示，然后单击右键选择Object Properties（物体属性），如图5-18所示，取消勾选Show Frozen in Gray（显示冻结成灰色），如图5-19所示。

图5-17

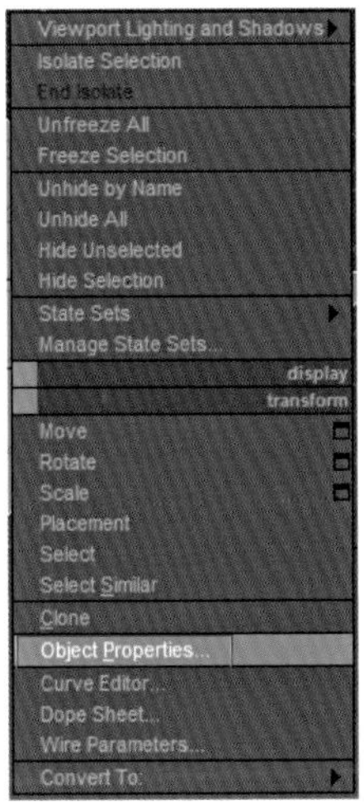

图5-18

图5-19

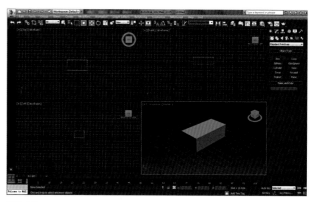

图5-21

再次点击物体单击右键，选择Freeze Selection（冻结选择），现在框选的就不会选择该面片，接下来可以开始制作模型了，如图5-20所示。

将这个Box物体逐渐变成枪身的轮廓，单击鼠标右键，在弹出的快捷菜单中选择Convert To（转换）>Convert to Editable Poly（转换为可编辑多边形）命令，塌陷Box为Polygon物体，方便下一步修改，如图5-22所示。

图5-20

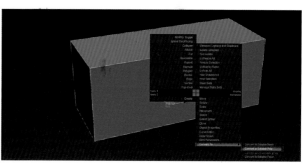

图5-22

先把这个武器看成一个基本的几何体，然后按照这个几何体的形状和比例，先制作一个基本的模型，确保基本比例和原画相符，最后再不断细化这个模型，完成整个武器的制作。具体步骤如下。

打开3ds Max制作软件，开始创建枪身，单击Create（创建）>Geometry（几何体）>Box,在前视图创建一个Box物体，如图5-21所示。

想要把Box拉成枪身，如果段数不够，就要先增加横向段数，切换物体选择方式为"线选择模式"，并选择Box上的线段，在Edit Edges（线段编辑）展栏下，单击Connect Setting（加线设定），打开Connect（加线）命令的参数选项，如图5-23所示。

图5-23

选择添加的线段使其移动到握把位置，如图5-24所示。然后选中底部模型的面，如图5-25所示。

图5-24

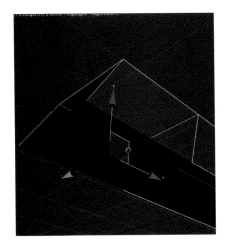

图5-25

在Editable Poly面板中使用Extrude（挤出）命令，如图5-26所示，使上一步选中的面挤出模型，如图5-27所示。

图5-26

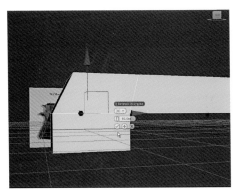

图5-27

挤出的模型对照着背景参考图将握把部分调整出来，只需要调整到大致形状就行，如图5-28所示，然后在握把模型部分使用Connect（加线）命令为其添加线段，如图5-29所示。

图5-28

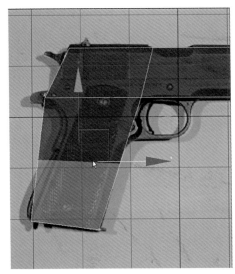

图5-29

调节添加的线段使其匹配参考图,如图5-30所示,如果线段不够,可以继续添加线段再进行调节,调整出握把的大致形状,如图5-31所示。

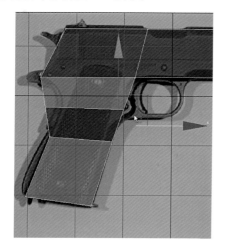

图5-30

图5-31

把模型转到侧视图调整下枪身的厚度,如图5-32所示,根据现实中手枪的实际比例进行缩放,如图5-33所示。

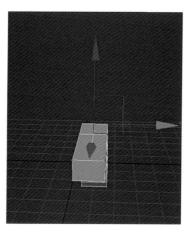

图5-32

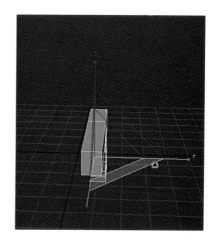

图5-33

根据手枪的大致形状再进一步调整,首先在模型顶部使用Connect(加线)命令为其添加一条线段,如图5-34所示,再根据参考进行调整,如图5-35所示。

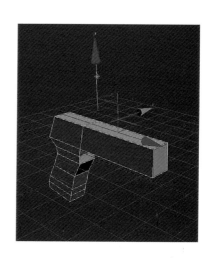

图5-34

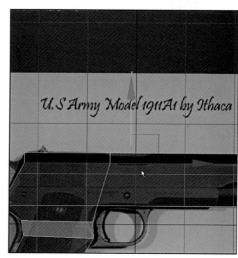

图5-35

继续进一步细化握把部位的大致形状，制作出握把的凸起部分，给握把部位的模型加一条线段，如图5-36所示，选中两端的结构线段使其向X轴方向移动，如图5-37所示。

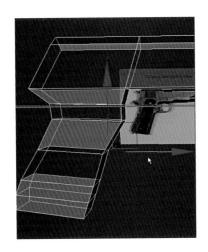

图5-36

图5-37

制作枪管部位的模型，首先在枪管部位使用Connect（加线）命令添加线段，如图5-38所示，然后选择两侧的结构线往Y轴方向移动，调节出大概比例即可，如图5-39所示。

制作子弹上膛部位的模型，单击Create（创建）> Geometry（几何体）>Box,在前视图创建一个Box物体，然后将这个Box物体逐渐变成枪身的轮廓，单击鼠标右键，在弹出的快捷菜单中选择Convert To（转换）> Convert to Editable Poly（转换为可编辑多边形）命

令，塌陷Box为Polygon物体，如图5-40所示。

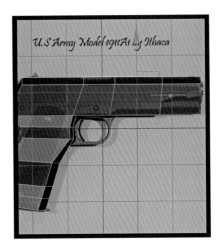

图5-38

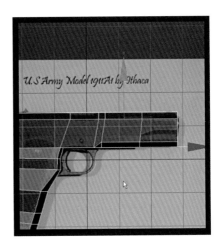

图5-39

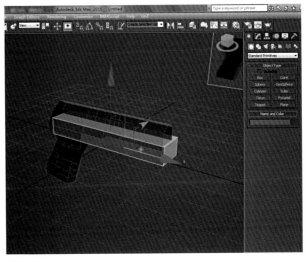

图5-40

新创建的模型,对照之前制作好的模型调节大小并对上位置,如图5-41所示,然后在底部和顶部面上添加线段,按照参考图进行调节,如图5-42所示。

图5-41

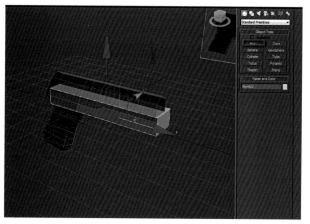

图5-42

在调整完的模型上添加两条线段并和参考图对上,如图5-43所示,然后把两条线段之间的亮点选中,进行连接,如图5-44所示。

图5-43

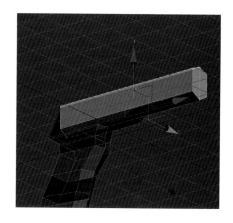

图5-44

选中底部的面,如图5-45所示,然后根据枪的实际造型用Extrude(挤出)让选中的面向模型里面挤,如图5-46所示。

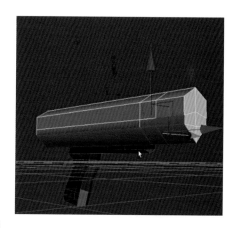

图5-45

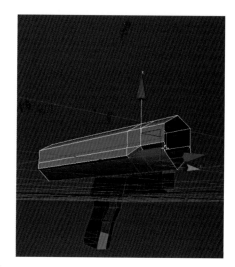

图5-46

把多余的部分面选中删除,如图5-47所示,然后把模型再对照参考图调整一下,最终效果如图5-48所示。

图5-47

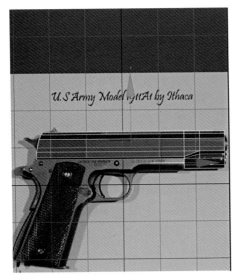

图5-48

继续制作枪身的下半部分，首先创建一个Box，单击Create（创建）>Geometry（几何体）>Box，在前视图创建一个Box物体，如图5-49所示。

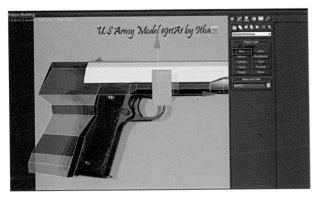

图5-49

根据参考图调整创建出来的Box模型，如图5-50所示，然后使用Connect（加线）命令为其中间添加一条线段，如图5-51所示。

图5-50

图5-51

把调整好的模型和之前做的模型合并在一起，使用Attach（合并），把两个分开的模型合并在一起，如图5-52所示。

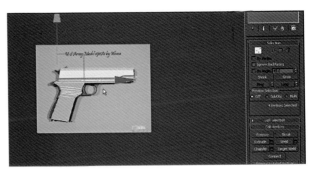

图5-52

制作枪握把部分中模，首先创建一个Box，单击Create（创建）>Geometry（几何体）>Box，在前视图创建一个Box物体，如图5-53所示，单击鼠标右键，在弹出的快捷菜单中选择Convert To（转换）>Convert to Editable Poly（转换为可编辑多边形）命令，塌陷Box为Polygon物体，如图5-54所示。

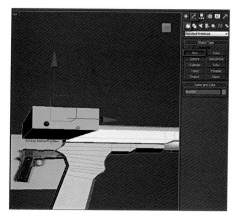

图5-53

图5-54

根据参考图在点选择模式调整模型，模型一定要对上参考图的位置，如图5-55所示，如果发现模型的线段不够，运用Connect（加线）命令在模型上进行加线，如图5-56所示。

添加完线段后，在点选择模式对照参考图调整模型，如图5-57所示。参考图握把上有拐角，为了做出这个拐角，这里需要继续运用Connect（加线）命令在模型上进行加线，如图5-58所示。

图5-55

图5-56

图5-57

图5-58

在点选择模式下选择加线所形成的拐角的点，运用Connect（加线）使其两点之间连成线段，如图5-59所示。然后选择多余的部分，按键盘上的Delete（删除）键，删除多余部分，如图5-60所示。

把看不见的模型按键盘上的Delete（删除）键删除掉，如图5-62所示，在边界边选择模式下（快捷键3）选择剩下模型的边界边，如图5-63所示。

图5-59

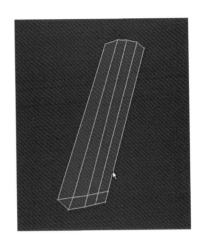

图5-62

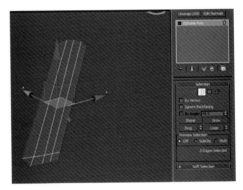

图5-63

切换成缩放模式，按住键盘上的Shift键，把边界边放大一圈，如图5-64所示，再切换回移动模型，把选中的线段沿着Y轴方向移动，如图5-65所示。

图5-60

发现线段不够做不出想要的效果，这里可以运用Connect（加线）命令继续为其模型加线，然后在点选择模式下进行调整，调整效果如图5-61所示。

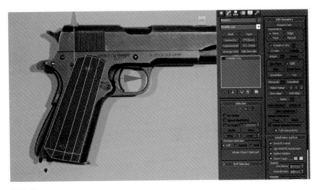

图5-61

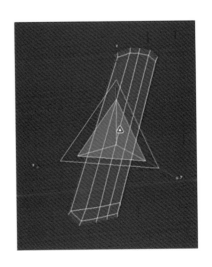

图5-64

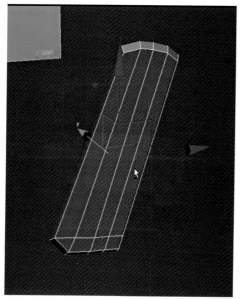

图5-65

根据参考图调整位置，使其和之前做好的模型位置
对上，如图5-66所示。

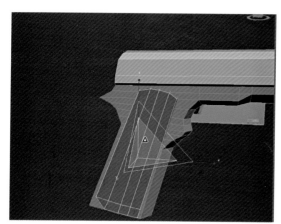

图5-66

制作扳机部位的中模。首先创建一个Box，单击
Create（创建）>Geometry（几何体）>Box，在前
视图创建一个Box物体，如图5-67所示，单击鼠标右
键，在弹出的快捷菜单中选择Convert To（转换）>
Convert to Editable Poly（转换为可编辑多边形）命
令，塌陷Box为Polygon物体，如图5-68所示。

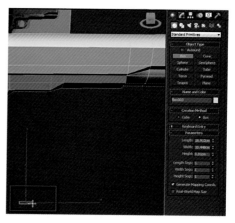

图5-67

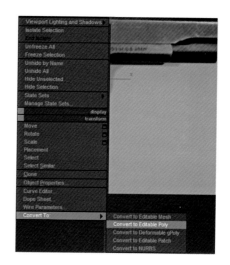

图5-68

把创建出来的模型对上参考图上的位置，如图
5-69所示，在点选择模式下调整大致形状，线段不
足，运用Connect（加线）命令继续为其模型加线，
如图5-70所示。

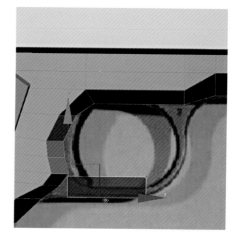

图5-69

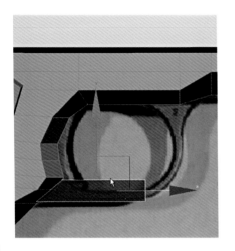

图5-70

添加完线段后，在点选择模式下调整大致形状，如图5-71所示，线段不够的话，运用Connect（加线）命令继续为其模型加线，再在点选择模式下调整大致形状，如图5-72所示。

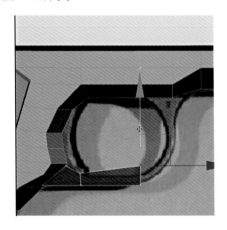

图5-71

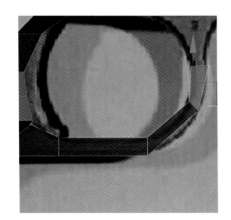

图5-72

按照这个步骤，使用Connect（加线）命令继续为其模型加线，再在点选择模式下调整大致形状，如图5-73所示。

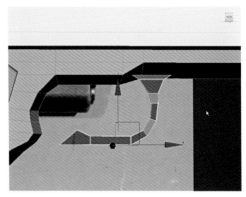

图5-73

扳机的制作方法同上，然后把调整好的模型按照实际情况摆好位置，最终效果如图5-74所示。

图5-74

手枪的大致形状基本做得差不多了，剩下的就是一些小的结构模型。先做枪管的模型，切换回创建面板，选择Createe（创建）>Geometry（几何体）>Cylinder命令，在视图中创建一个圆柱体，如图5-75所示。单击鼠标右键，在弹出的快捷菜单中选择Convert To（转换）>Convert to Editable Poly（转换为可编辑多边形）命令，塌陷圆柱为Polygon物体，如图5-76所示。

图5-75

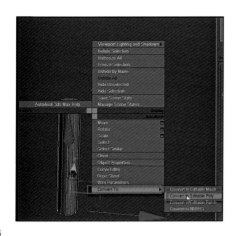

图5-76

　　把模型旋转90°，并调整好位置，如图5-77所示，然后在面选择模式下，选中圆柱两端的面，按键盘上的Delete键删除，如图5-78所示。

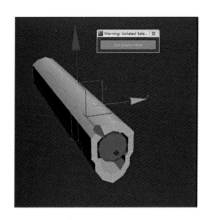

图5-77

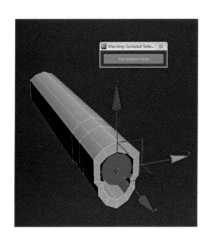

图5-78

　　给模型添加修改器命令Shell（壳），然后把Inner Amount的参数调成0.5cm,如图5-79所示。

图5-79

　　给枪身后面开洞，首先枪身模型后面的面运用Connect（连接）进行连线，如图5-80所示。在连接好的线段中间运用Cut（切线）命令切一条中线出来，如图5-81所示。

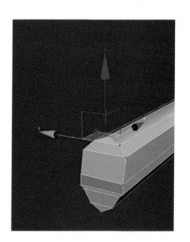

图5-80

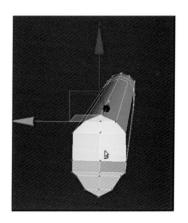

图5-81

　　在线段选择模式下，选中中间的3段线，如图5-82所示，然后运用Connect（连接）添加一条中线，如图5-83所示。

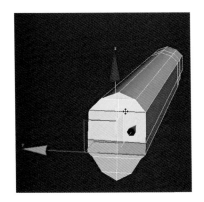

图5-82

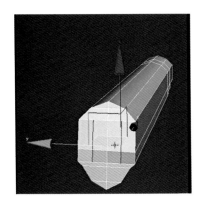

图5-83

在面选择模式下，选中要开洞的面，如图5-84所示，然后运用Extrude（挤出）命令，使其面向里面方向挤出，如图5-85所示。

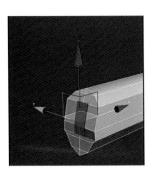

图5-84

图5-85

完善握把部位的模型，需要添加新的模型，单击Create（创建）>Geometry（几何体）>Box，在前视图创建一个Box物体，单击鼠标右键，在弹出的快捷菜单中选择Convert To（转换）>Convert to Editable Poly（转换为可编辑多边形）命令，塌陷Box为Polygon物体，如图5-86所示。

图5-86

调整模型，把模型拉长，运用Connect（连接）添加线段，然后在点模式下对照参考图进行调整，效果如图5-87所示。调整后把模型转到侧面调整模型的厚度，厚度可以对照枪柄的厚度，效果如图5-88所示。

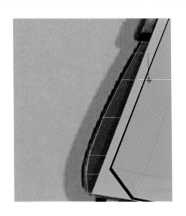

图5-87

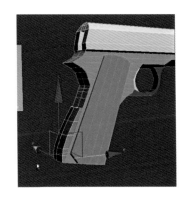

图5-88

上面部位的模型制作方法同上，效果如图5-89所示。

图5-89

制作扳手部位的模型，首先同样单击Create（创建）>Geometry（几何体）>Box，在前视图创建一个Box物体，单击鼠标右键，在弹出的快捷菜单中选择Convert To（转换）>Convert to Editale Poly（转换为可编辑多边形）命令，塌陷Box为Polygon物体，如图5-90所示。然后把创建好的模型位置摆好，在点选择模式下调整大致形状，如图5-91所示。

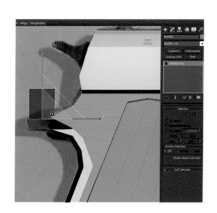

图5-90

图5-91

然后运用Connect（连接）命令添加线段，在点选择模式下调整大致形状，效果如图5-92所示。

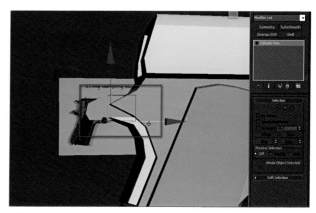

图5-92

其他一些小的部件制作方法同上，如图5-93所示为手枪中模的最终效果。

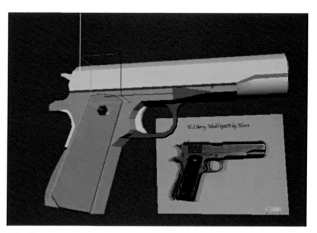

图5-93

三、制作高模的细节以及卡边线

现在开始进入高模制作部分。在制作之前，先把前面制作的文件进行一下简单的整理，防止文件太多而产生混乱，步骤如下。

在Max顶端的主工具条上，单击Layer（层管理）按钮，打开层管理界面，如图5-94所示。

选择前面制作的初始模型，并且单击Create New Layer（创建新层）按钮，创建一个新层，并且自动添加文件进入这个新层，如图5-95所示。

图5-94

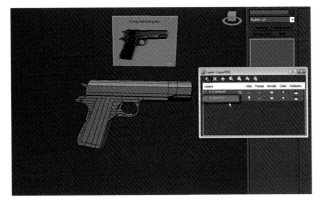

图5-95

现在开始制作高模,制作枪身,先在Editable Poly
编辑状态下,进入在线选择模式,如图5-96所示,然后
打开石墨工具中的添加环形线,如图5-97所示。

图5-96

图5-97

在枪身的枪口部位添加一条环形线段,如图5-98
所示,添加的线段离边线越远,模型的倒角越软,反之
离边线越近则倒角越硬,然后继续用石墨工具添加环形
线,如图5-99所示。

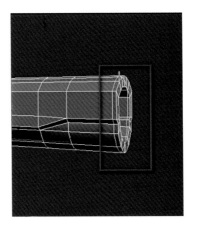

图5-98

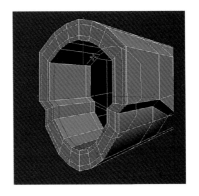

图5-99

添加完线段后,给模型添加TurboSmooth(涡轮平
滑)命令,如图5-100所示。

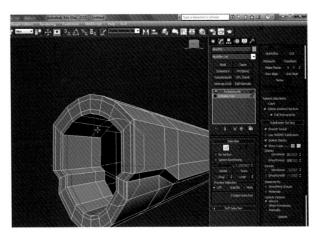

图5-100

再给模型添加一个TurboSmooth(涡轮平滑)命
令,把等级调整至2,如图5-101所示。

TurboSmooth(涡轮平滑)两级的效果可以满足高
模的要求,最终效果如图5-102所示。

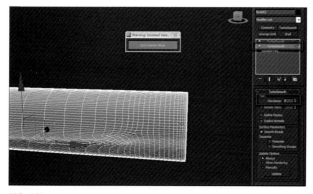

图5-101

图5-102

继续使用石墨工具中的添加环形线给枪身中间部位的模型添加线段，如图5-103所示，然后再打开TurboSmooth（涡轮平滑）的效果看下是否达到高模的要求，效果如图5-104所示。

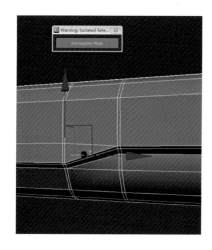

图5-103

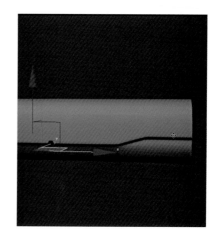

图5-104

再给枪身尾部用一样的方法添加环形线，如图5-105所示，添加完线段的效果如图5-106所示。

图5-105

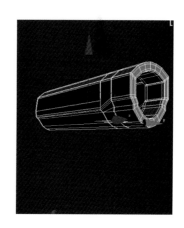

图5-106

制作子弹出口部位，需要在枪身中间部位开一个口，在线选择模式下运用Connect（连接）命令在模型上添加线段，如图5-107所示，然后切换面选择模式，选择开口的面，如图5-108所示。

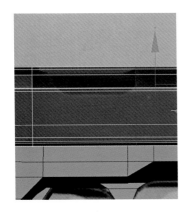

图5-107

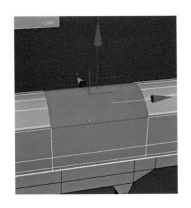

图5-108

按键盘上的Delete键删除选择的面，如图5-109所示，再切换成边界边选择模式，选择开口的边界边，按住键盘上的Shift键，选择的边界边往开口里面拽动，如图5-110所示。

然后把开的口，运用Cap（补面）快捷键Ctrl+P命令把口补起来，如图5-111所示，然后切换线选择模式，在开口的模型边缘添加线段，如图5-112所示。

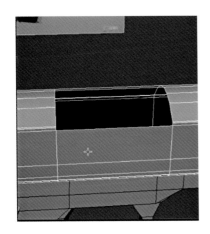

图5-109

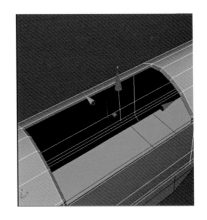

图5-110

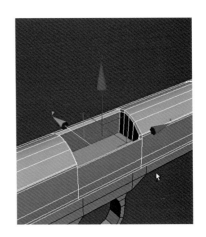

图5-111

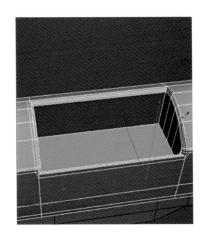

图5-112

最后打开TurboSmooth（涡轮平滑）看下最终的高模效果，如图5-113所示。

制作把手部位的高模，先给模型添加TurboSmooth（涡轮平滑）命令，如图5-114所示。

图5-113

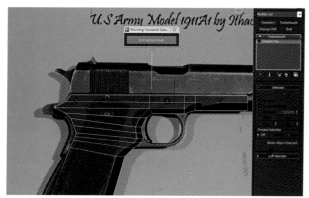

图5-114

在线选择模式下在枪头部位使用石墨工具添加环形线，如图5-115所示，如果发现有多余的面，切换面选择模式，选中多余的面按键盘上的Delete（删除）键删除选择的面，如图5-116所示。

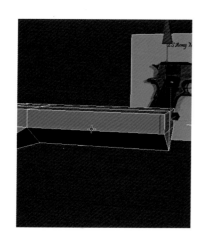

图5-115

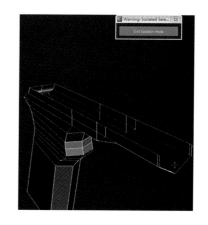

图5-116

如枪后面需要开口，先运用Connect（连接）命令在模型上添加线段，如图5-117所示。切换面选择模式，选择开口的面，如图5-118所示。

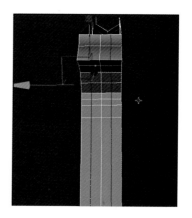

图5-117

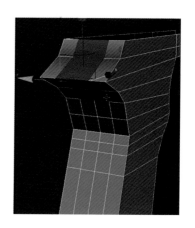

图5-118

使用Extrude（挤出）命令,使其面向里面挤出，做出凹槽的造型，如图5-119所示，然后删除多余的面，在点选择模式下调整一下大致形状，如图5-120所示。

图5-119

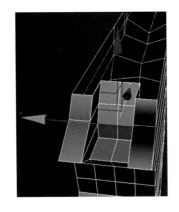

图5-120

在结构线两边添加环形线，如图5-121所示，然后打开TurboSmooth（涡轮平滑）观察效果，如图5-122所示，发现效果不行则继续添加线段。

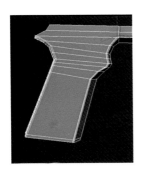

图5-121

图5-122

继续使用石墨工具添加环形线，加完线段之后，切换成点选择模式，进行调整，如图5-123所示。

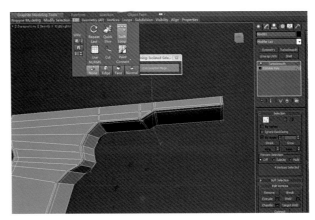

图5-123

最后打开TurboSmooth（涡轮平滑）观察效果，如图5-124所示。

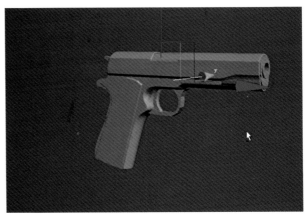

图5-124

制作握把上的防滑塑料板的高模，选中模型，如图5-125所示。防滑板的高模相对其他模型来说就比较简单了，使用石墨工具添加环形线，如图5-126所示。

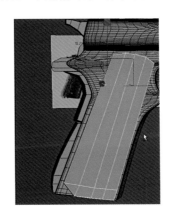

图5-125

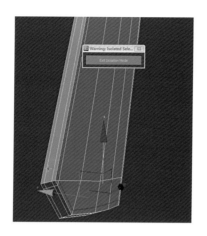

图5-126

给模型添加一个TurboSmooth（涡轮平滑）命令，把等级调整至2，然后观察高模的效果，如图5-127所示。

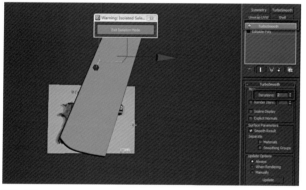

图5-127

制作枪管高模，选中模型，倒角部位添加线段，如图5-128所示，给模型添加一个TurboSmooth（涡轮平滑）命令，把等级调整至2，效果如图5-129所示。

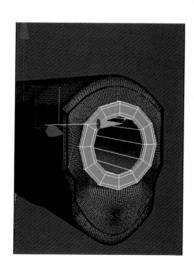

图5-128

图5-129

制作扳机环的高模，同样的方法选择模型，在线选择模式下添加环形线，不仅可以使用石墨工具，也可以使用Connect（连接）命令添加线段，如图5-130所示，然后添加TurboSmooth（涡轮平滑）命令，把等级调整至2，观察效果，如图5-131所示。

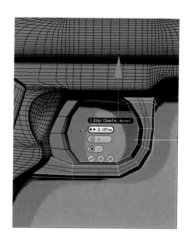

图5-130

图5-131

同样的方法制作扳机高模，效果如图5-132所示。

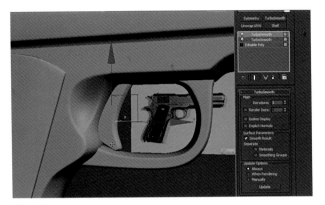

图5-132

制作保险的高模，在卡线之前，在点选择模式下再调整下大致形状，如图5-133所示，这是使用高模的另外一种制作方法。首先给模型设置光滑组，切换成面选择模式，选择模型所有的面，如图5-134所示。

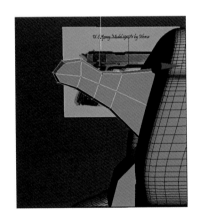

图5-133

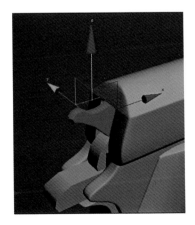

图5-134

在Editable Poly编辑状态下找到设置光滑组的面板，如图5-135所示，然后先点击Clear All（清空所有），再点击Auto Smooth（自动光滑），如图5-136所示。

图5-135

图5-136

给模型添加TurboSmooth（涡轮平滑）命令，在涡轮平滑面板里把Smoothing Groups（根据光滑组卡线）选项勾上，等级这里设置为1，如图5-137所示，然后再给模型添加一个TurboSmooth（涡轮平滑）命令，等级设置为2，如图5-138所示。

图5-137

图5-138

高模效果如图5-139所示。

制作准星高模。因为准星的中模之前没有做，所以先把准星的中模做出来，如图5-140所示。然后同上的方法先设置光滑组，如图5-141所示。

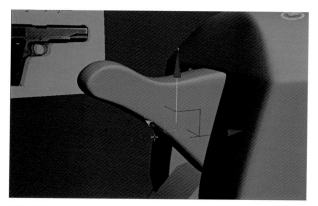

图5-139

图5-142

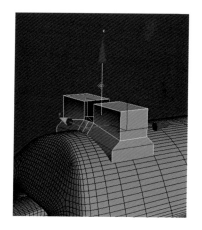

图5-140

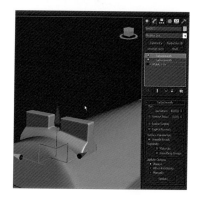

图5-143

图5-141

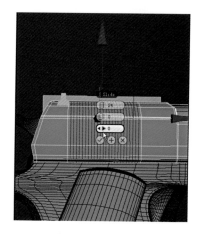

图5-144

给模型添加TurboSmooth（涡轮平滑）命令，在涡轮平滑面板里把Smoothing Groups（根据光滑组卡线）选项勾上，等级设置为1，如图5-142所示。再给模型添加一个TurboSmooth（涡轮平滑）命令，等级设置为1，最终效果如图5-143所示。

制作枪身凹槽，选择枪身模型，使用Connect（连接）命令添加线段，如图5-144所示。切换面选择模式，选择凹槽的面，如图5-145所示。

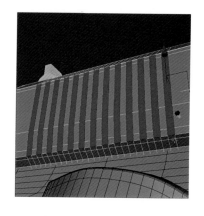

图5-145

点击Inset（插入），在选择面上插入一个面，这里参数设置为0.05cm，如图5-146所示，然后选择插入的面，往Y轴方向拖拽，效果如图5-147所示。

最后制作弹夹部分，首先把弹夹的中模制作出来，如图5-149所示，在修改器选项里找到Shell（壳）命令，添加到模型上，如图5-150所示。

图5-146

图5-149

图5-147

图5-150

同上的方法给模型添加线段，再给模型添加TurboSmooth（涡轮平滑）命令，把等级调整至2，观察高模的效果，如图5-148所示。

把Inner Amount的参数调成0.33cm，然后单击鼠标右键，在弹出的快捷菜单中选择Convert To（转换）> Convert to Editable Poly（转换为可编辑多边形）命令，塌陷Box为Polygon物体，如图5-151所示。

图5-148

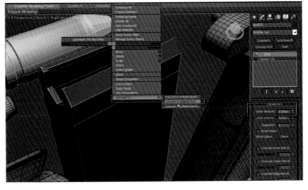

图5-151

在线选择模式下使用Connect（连接）命令添加线段，如图5-152所示，也可以使用石墨工具添加环形线，如图5-153所示。

图5-152

图5-153

给模型添加TurboSmooth（涡轮平滑）命令，并摆放好位置，高模的效果如图5-154所示。

图5-154

其他部位的高模制作方法都是同样的，要注意的就是位置一定要按照实际情况摆好，如图5-155所示为高模的最终效果。

图5-155

第三节 次世代低模制作

一、完成低模制作

从这一节开始，进入低模的制作。低模制作相对于高模制作较为简单，只需要注意一些具体事项，就可以快速完成，相对来说是难度较低、耗时较少的一个环节。

低模就是指面数较低的模型，在游戏中实际使用的模型。低模制作不像高模可以不限面数，低模需要用尽可能少的面，来表现较多的细节。在制作低模的时候，

有哪些具体的要求呢？下面就逐一进行了解。

1.模型面数的要求

在实际项目中，为了让游戏能流畅地运行，都会对制作的模型进行面数限制。根据游戏面向的平台、效果及游戏上市时间的不同，面数的限制也会不一样。无论要求面数是多少，在面数分配的时候，有几点需要注意。

第一，把最主要的面数用在物体整体的外轮廓造型上，然后根据面数限制，逐步添加局部结构的面数。比

如制作的枪械，需要把面数有限分配在枪身主体结构上面，先保证主体结构的圆滑，其次根据物体的大小，将面分配到弹夹、枪管等附件上。

第二，弧面越大，需要的面就越多。例如，做汽车的轮胎，轮胎的外形是一个圆柱形，那这个圆柱形的相对段数就要比较高，否则这样的外形就不是很圆了。再如汽车的头部，整体结构是长方形，那么就不需要添加太多的面数来做这个外形，可以把面数放在更圆滑的结构上。

第三，不要出现大于四边的面，这是低模最需要注意的地方。在高模制作中，模型是四边面还是五边面，纯粹从效果的角度来考虑，只要对造型没有影响，模型是几边面都可以。但是在游戏模型中，如果有大于四边的面存在，就会对游戏中的显示效果产生影响，所以在制作游戏模型的时候，都需要将五边形、六边形等多边形通过连接线段的方式，变成三角形或者四边形。另外，有些情况下，如果顶点位置有过于分开的四边面，显示效果也会出问题，为了保证效果，需要连接为三角形，如图5-156所示。

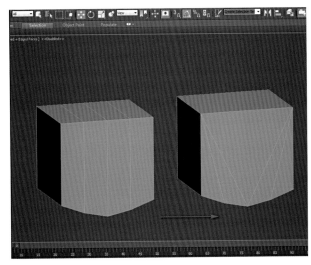
图5-157

图5-156

2.低模的布线和优化

高模的布线技巧，是需要尽可能保持模型为四边面，不需要考虑面数，尽可能让模型布线都是四边形，尽可能避免三角形的出现。然而在场景的低面模型中，三角面可以大量地出现（角色模型需要避免在运动处出现三角面），最关键的是减少模型的面数，而不是保持模型布线为四边形。

另外，低模的面数优化，需要尽量减少对模型外轮廓没有影响的面，把多余的面用在可以对外轮廓起到帮助的地方。如图5-157所示，为了节约面数，把中间对模型轮廓造型没有帮助的线移除掉，产生三角面，减少模型面数。

还有一个优化方法，就是前面说过的为主体结构添加更多的面，把较小的次要的结构的面数进行精简。如图5-158所示，左图中的结构，外侧的圆柱和内侧的圆柱用了同样的段数，这样造成了主要结构段数不够，而不重要的地方，用了太多的结构。所以需要改成右图所示的段数，在主要结构增加更多的面数，让轮廓更圆滑，而中间相对较小的结构，减少面数，不需要在细小的地方浪费太多的面数。

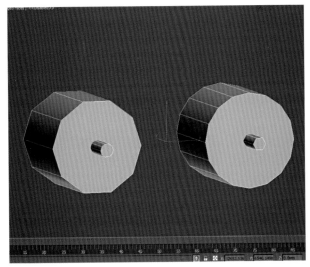
图5-158

3.低模和高模的匹配

次世代游戏制作，很重要的一个环节就是模型烘焙，把高模的细节烘焙到低模上面，从而使低模拥有和高模一样的细节效果。然而，烘焙效果的好坏，直接受到低模与高模匹配程度的影响，低模轮廓和高模越接近，最后烘焙的效果就越好。所以烘焙低模的时候，需要记得紧贴高模表面，让低模轮廓和高模尽量接近，这是烘焙好高模信息的一个重要技巧。

以上三点就是低模制作的注意事项。只要保证这几点，就可以制作出符合游戏制作标准的低模。下面就根据上面的注意事项，开始低模的制作。

制作低模，首先显示出制作好的高模。先从最主要的枪身开始制作，如图5-159所示。在高模的位置上，创建出Box物体，并贴着高模轮廓，制作出低模的轮廓。建模的基本方法，通过高模的练习，都应该掌握熟练，所以具体过程就不一一列出来了。

图5-159

按照同样的方法，分别制作出枪身其他部位的结构。需要注意的是，尽量贴合模型的边缘轮廓，用的面越多，就越匹配高模，烘焙出来的效果也越好。在练习的时候，可以稍微多用一些面，做得尽量匹配一些，以得到最佳的效果。如图5-160所示。

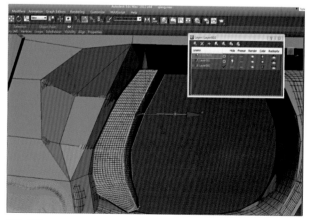

图5-160

后面制作出其他部分的低模。制作的时候，低模表面尽量贴合高模，沿着高模轮廓，制作出低模的造型。因为低模制作只用于匹配高模轮廓，所以不用考虑比例结构，也不需要添加TurboSmooth（涡轮平滑）命令进行平滑，所以布线也不需要考虑，只需要留意一下有没有大于四边的面就可以。所以整体都是比较容易制作的，相信大家都可以轻松完成低模的制作。如图5-161所示。

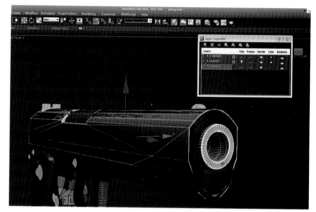

图5-161

最终的低模布线，如图5-162所示。

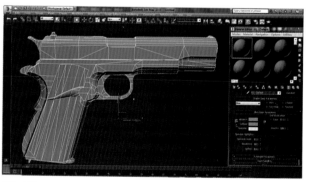

图5-162

二、低模进行光滑组和UV的合理分配

光滑组是基于模型面的一种属性，用于控制模型面与面之间过渡的软硬程度。每个面都可以设置一个或多个光滑组，当不同面之间的光滑组为同一数值的时候，面的过渡为光滑，当光滑组不同的时候，模型过渡为尖锐。

例如两个相邻的面，A面的光滑组为"1""2"，而B面的光滑组为"2""3"，这样因为两个面之间都共有一个光滑组"2"，所以这两个面之间的过渡是平滑的。

那么，模型的光滑组对烘焙又有什么影响呢？在制作转角小、比较圆滑的模型的时候，光滑组要尽量统一，这样烘焙上去不会产生奇怪的接缝，效果比较好。

既然光滑组统一效果更好，那么，是不是将模型所有的面都设置成一个光滑组就好了呢？显然也是不行的。

如果面与面之间的夹角过大，将模型全部设置成一个光滑组，模型表面有时候会产生黑色的阴影，而且无论低模怎么做，这样的阴影都无法消失。具体效果如图5-163所示，左侧的光滑组是统一的，可以看到模型的边缘都会有黑色的阴影，右边的光滑组是分开的，可以看到模型的面很平展。所以，在制作转角比较大、边缘比较硬的模型的时候，光滑组要尽量分开。

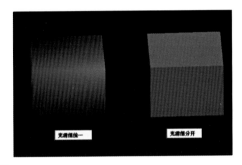

图5-163

在知道模型的光滑组怎么区分了之后，就可以去展UV。如何展UV在前面的章节已有讲述。在制作次世代游戏模型的时候，展开UV遵循一个规定，那就是光滑组断开UV必须断开，那么反过来UV断开，光滑组要不要断开呢？答案则是不需要的。根据这个原理将低模的UV分好并摆放在UV框里面。如图5-164所示是低模分好的UV。

三、烘焙法线以及AO贴图

下面，正式开始模型烘焙的步骤。由于在烘焙这个阶段会比较慢，建议第一次烘焙的时候，不要烘焙全部模型。为了熟悉过程，建议先对个别零件进行烘焙，例

如，只烘焙枪身部分，待熟悉过程之后，再进行整体烘焙，这样会节约大量的等待时间。第一次设置烘焙可能会感觉有些烦琐，多练习几次就能熟练了。

图5-164

首先选择低模，按"0"打开烘焙面板（或在菜单Rendering/Render To Texture下），烘焙的步骤将在这个面板中完成。结合下面的步骤，逐步介绍烘焙面板里的功能。如图5-165所示为烘焙面板。

图5-165

在Output下的Path中，可以设置贴图烘焙后的存储路径。这个路径在下面烘焙的时候还可以再修改，如图5-166所示。

下面烘焙法线贴图Normal Map，先把高模和低模匹配好，然后选择低模，按"0"打开烘焙面板，然后在Projection Mapping卷展栏下点击"Pick…"，点击完后会出现高模的菜单栏，按下Ctrl+A全选所有的模型。如图5-167所示为操作步骤。

图5-166

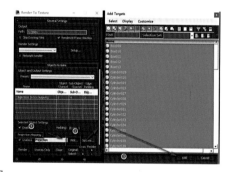

图5-167

注意这一步骤要根据计算机的速度,一般会需要等待几分钟。另外,还有可能造成Max崩溃,如果遇到这种情况,不要一次拾取太多数量的高模,分几步进行烘焙就好了。

Pick匹配好了高模之后,低模会出现一团蓝色的线,可能随着模型复杂程度,蓝色的线也会比较乱比较杂。这时可以在编辑菜单栏里找到Cage下拉菜单,里面有个Reset,点几下,重置下蓝色的线,这样蓝色的线就会自动吸附到低模的线上去了。如图5-168所示。

图5-168

然后在Cage的下拉菜单里调整Push下面的Amount后面的数值,让蓝色的线放大直到完全包裹住高模。如图5-169所示。

图5-169

继续在烘焙下拉菜单里找到Output里的"Add…"点击一下,会出来选择烘焙贴图的面板,在面板里选择Normal Map,然后再点击面板里的Add Elements确定烘焙贴图的类型。如图5-170、图5-171所示为操作步骤。

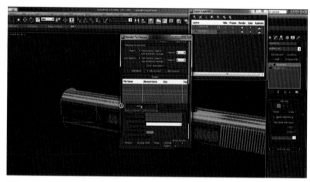

图5-170

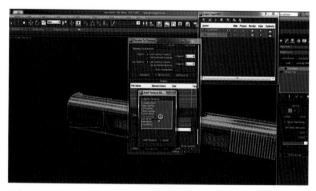

图5-171

选择好后,改下贴图的大小,默认是512×512,要把贴图改成2048×2048,操作如图5-172所示。

图5-172

图5-175

都修改完毕之后，直接点击烘焙面板里Render（渲染），下面就需要耐心地等待，可能需要等待时间长一点。烘焙的速度完全取决于电脑的配置，配置越好烘焙的速度就越快，如图5-173所示。

加完天光之后，还需要按下F10，在渲染编辑器里面找到Advanced Lighting，在下拉菜单里把渲染器调整为Light Tracer。如图5-176所示为操作步骤。

图5-173

图5-176

烘焙好了之后，如图5-174所示为法线贴图。

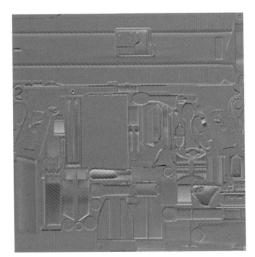

图5-174

如图5-177所示为烘焙出来的AO贴图Lighting Map效果图。

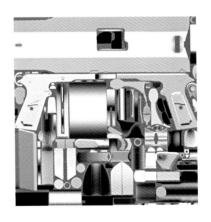

图5-177

接下来继续烘焙ＡＯ，在这里烘焙的Lighting Map,效果跟ＯＣＣ贴图一样，但是比烘焙ＯＣＣ贴图速度快很多。烘焙的方法和烘焙法线贴图Normal Map差不多，多的只是要给Max场景里加一个天光Skylight。操作步骤如图5-175所示。

第四节 次世代贴图制作

一、制作颜色贴图

首先打开Photoshop，在界面中按Ctrl+N新建画布，然后把画布大小调整为2048×2048，再点下确定按钮。如图5-178所示为操作步骤。

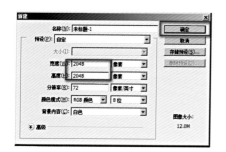

图5-178

这里还需要再做一张贴图，会用到一个新的软件CrazyBump，需要做的就是把原来的那张法线贴图拖到CrazyBump里转出一张Diffuse贴图，然后再导出去就可以了。如图5-179所示。

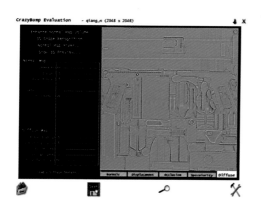

图5-179

接下来把做的几张贴图（法线贴图、颜色贴图、高光贴图）在图层编辑面板里，给它们每张贴图新建一个图层组。如图5-180所示。

图5-180

在DIFF组里，新建一个图层把武器的基本颜色填好，如图5-181所示。把AO和刚刚用CrazyBump转出来的那张Diffuse贴图放在DIFF组里的最上面，但是注意AO要用正片叠底，而且不透明度要调成50%，Diffuse贴图要用叠加的方式。AO在贴上之前，可以继续修整完善，如图5-182所示。

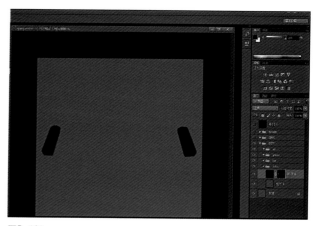

图5-181

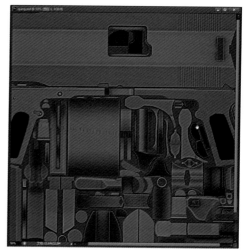

图5-182

可以找一些金属纹理，注意要找一些纹理不是太乱的，用叠加的方式放在AO、Diffuse贴图之下，基本颜色之上。如图5-183所示。

最后再加一些污迹、破损、划痕，也是放在AO、Diffuse贴图之下，基本颜色之上。最终效果如图5-184所示。

图5-183

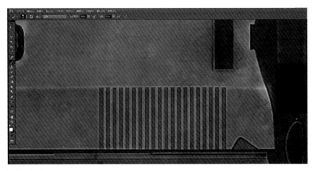

图5-184

到这里颜色贴图差不多完成了。到Max里看下效果，如图5-185所示。

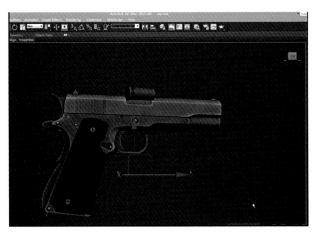

图5-185

二、制作高光和法线贴图

高光贴图是表现物体表面反光的贴图，包含高光强度和高光色彩两项属性。高光强度为表现物体反光的强弱，高光色彩为反光的颜色。高光贴图是次世代游戏表现质感的重要贴图。简单来说可以这样理解，比如反光的物体像金属之类的，在高光贴图里就呈现出偏白色，那么反过来不反光物体像塑料、木头之类的在高光贴图里面就呈现出偏黑色。根据这个原理，制作出高光贴图。如图5-186所示为高光贴图。

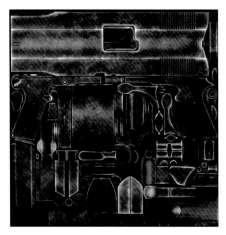

图5-186

因为这把枪是偏新的，所以法线贴图没有什么变化，所以还是之前烘焙的那张法线贴图。如图5-187所示。

图5-187

三、利用Max进行观察最终效果

现在需要的贴图都做好了，这样就可以在Max里看下最终的效果。首先要把贴图贴到材质球上面，再赋予模型，如图5-188所示。把3张贴图通道对应到相应的位置。要注意的是，法线贴图要先点下Normal Bump再正常贴上去，如图5-189所示。

都贴好以后，就可以观察这把枪的整体效果了。如图5-190所示为次世代武器的最终效果。

图5-188

图5-189

图5-190

本章小结

其实做好次世代游戏，无非多观察现实的东西，因为次世代东西接近于现实中的东西，不论是模型的造型，还是贴图上的质感都是仿照现实的。还有一点就是要多多练习不同的物体，去尝试不同贴图上的材质、细节。